药物制剂技术及其发展探究

周伟华 著

科学技术文献出版社
SCIENTIFIC AND TECHNICAL DOCUMENTATION PRESS

·北京·

图书在版编目（CIP）数据

药物制剂技术及其发展探究 / 周伟华著. —北京：科学技术文献出版社，2017. 8
（2024. 3 重印）
ISBN 978-7-5189-3240-5

Ⅰ.①药…　Ⅱ.①周…　Ⅲ.①药物—制剂—技术—研究　Ⅳ.① TQ460.6

中国版本图书馆 CIP 数据核字（2017）第 205364 号

药物制剂技术及其发展探究

策划编辑：周国臻　　　责任编辑：周国臻　　　责任校对：张吲哚　　　责任出版：张志平

出　版　者　科学技术文献出版社
地　　　址　北京市复兴路15号　　邮编　100038
编　务　部　（010）58882938，58882087（传真）
发　行　部　（010）58882868，58882874（传真）
邮　购　部　（010）58882873
官 方 网 址　www.stdp.com.cn
发　行　者　科学技术文献出版社发行　全国各地新华书店经销
印　刷　者　北京虎彩文化传播有限公司
版　　　次　2017 年 8 月第 1 版　2024 年 3 月第 7 次印刷
开　　　本　710×1000　1/16
字　　　数　209千
印　　　张　12.75
书　　　号　ISBN 978-7-5189-3240-5
定　　　价　58.00元

前　言

　　药物制剂技术是集药学、工程技术、质量管理于一体的应用型综合技术。我国是全球最大的药物制剂生产国，随着 2015 年版《中华人民共和国药典》和 2015 年版《药品生产质量管理规范》（GMP）的实施，药物制剂的现代化水平有了进一步提高，制药行业对药物制剂技术人才的技能和素质也提出了更高的要求。

　　药物制剂技术是从事制药技术人员及药剂行业人员必须掌握的基本专业知识，其主要内容包括药物制剂的制备理论、制备方法、生产技术、质量控制等。本书的目的是让相关人员具备从事药物制剂工作所必需的基础知识和基本技能，为更好地学习和从事药物方向工作奠定良好基础。

　　本书在《药品生产质量管理规范》的指导下，结合我国国情并针对现在药物制剂的现状进行撰写，内容以剂型为主线，包括药物制剂基础知识，药物制剂基本技术，液体制剂制备技术，灭菌和无菌制剂技术，注射剂制备技术，散剂、颗粒剂制备技术，硬胶囊剂、软胶囊剂制备技术，片剂制备技术，软膏剂制备技术，气雾剂、粉雾剂、喷雾剂和栓剂制备技术，浸出制剂制备技术，丸剂制备技术，固体分散体与包合物制剂制备技术，微囊、微球与脂质体制剂制备技术等。

　　本书知识紧凑，条理清晰，以药物制剂生产的基本技能及相关知识为导向，结合实例分析了药物制剂的制法，并给出了详细的药物说明。本书主要有以下几个特点：

1. 书中重点突出常用剂型的有关概念、制备过程与质量要求，从具体实例出发，分析各剂型特点、基本处方组成、工艺流程与质量控制，以提高本书的实用性。

2. 与我国现行实施的药品管理方面的法规内容紧密联系，适时反映我国在药品生产管理、药品经营管理、药品使用管理等方面的要求，具有时代感和新颖性。

3. 与现行版《中华人民共和国药典》紧密联系，在剂型的概念、药物的原辅料质量标准、药物剂型或药物制剂的质量要求方面与《中华人民共和国药典》的相关内容相一致，使内容具有可操作性。书中使用的处方和其制备方法都是尽量直接采用《中华人民共和国药典》收载的相关内容。

4. 在各种剂型的制备方法中，更多地采用框图的形式介绍主要剂型的一般生产工艺流程，直观介绍药品生产的主要工艺过程和主要技术。用框图作为知识连接的主干线，方便读者梳理、学习和掌握药品生产知识。

本书的出版得到了作者所在单位宜春学院的相关基金支持：江西省2011"天然药物活性成分研发与应用"协同创新中心；江西省教育厅科学技术研究项目（GJJ161019）。在此对宜春学院表示深深的谢意！

本书在撰写的过程中参考了大量书籍，已在参考文献中列出，在此向有关作者表示衷心的感谢。由于作者水平有限，书中难免存在不妥之处，殷切希望读者批评指正。

2017 年 5 月

目　　录

第一章　药剂基本知识

药物制剂技术是研究药物制剂的基本理论、处方设计、制备工艺、质量控制与合理应用的综合性技术科学。本章主要介绍药物制剂中常用的概念；药品生产的标准；药物制剂的发展；阐述药物制剂的稳定性；空气净化技术。

第一节　药物剂型与制剂

一、药物剂型

（一）概念

剂型是指药物经加工制成适合于预防、诊断、治疗应用的形式，称为药物剂型，简称为剂型。一般是指药物制剂的类别，如颗粒剂、软膏剂、片剂、注射剂、气雾剂等，根据药物的使用目的和药物性质不同，可制备不同剂型。不同药物可以制成同一剂型，如索米痛片、阿莫西林片、阿司匹林片等；同一药物也可制成多种剂型，如对乙酰氨基酚片、对乙酰氨基酚泡腾片、对乙酰氨基酚胶囊、对乙酰氨基酚栓、对乙酰氨基酚注射液、对乙酰氨基酚凝胶、对乙酰氨基酚滴剂等[1]。

（二）药物剂型的分类

1. 按物质形态分类

具有相同形态的剂型，制备特点较相近。其分类见表1-1。

表1-1　按物质形态分类的药物剂型

类型	物质形态	举例
液体剂型	液态	注射剂、溶液剂、洗剂等

续表

类型	物质形态	举例
气体剂型	气态	喷雾剂、气雾剂
固体剂型	固态	散剂、片剂、胶囊剂等
半固体剂型	半固态	软膏剂、栓剂等

2. 按分散系统分类

一种或几种物质分散在另一种物质中所形成的分散体系就是分散系统。其分类见表1-2。

表1-2　按分散系统分类

类型	分散相（药物状态）	分散介质	举例
溶液型	分子或离子	液体	溶液剂、注射剂
胶体溶液型	高分子	液体	胶浆剂、涂膜剂
乳剂型	液滴	液体	口服乳剂
混悬型	微粒（固体）	液体	合剂、混悬剂
气体分散型	微粒（液体或固体）	气体	气雾剂
微粒分散型	微粒（液体或固体）	高分子化合物	微球制剂、纳米囊制剂
固体分散型	聚集体状态（固体）	固体	片剂、散剂

3. 按给药途径分类

（1）经胃肠道给药剂型

此种剂型的药物是以口服的方式进入胃肠道，经过胃肠道吸收后，对局部或全身发挥作用。若药物中的有效成分会被胃肠道中含有的酸或酶破坏，则其不能制成此种剂型。此剂型中不包括经含服而被口腔黏膜吸收的剂型[2]。

（2）非经胃肠道给药剂型

指的是不通过口服给药的剂型。其具体分类见表1-3。

表1-3　不经胃肠道给药剂型

给药途径	常用剂型
注射给药	注射剂

续表

给药途径	常用剂型
呼吸道给药	喷雾剂、气雾剂、粉雾剂
皮肤给药	外用溶液剂、洗剂、搽剂、糊剂等
黏膜给药	滴眼剂、滴鼻剂、含漱剂、舌下片剂等
腔道给药	气雾剂、栓剂、滴剂等

4. 按制法分类

实际上，按制法分类并不能涵盖所有剂型，所以此种分类方法使用较少。

①浸出制剂：采用浸出方法制备的剂型（流浸膏剂、汤剂、酒剂、酊剂等）。

②无菌制剂：采用灭菌方法或无菌操作技术制备的剂型（注射剂、滴眼剂等）[3]。

二、制剂

制剂是根据药典或药品标准中收录的处方，把原料制成符合一定规格且可以达到临床治疗或预防要求的药物。所得到的制剂，还可以用作其他制剂或方剂的原料（如流浸膏剂等）。制剂多在药厂中生产，也可以在医院制剂室中制备。

第二节　药品生产的标准

一、药典

药典（pharmacopoeia）是一个国家记载药品规格标准的法典，具有法律约束力。药典的内容包括常用药物及其制剂、质量标准和试验方法等。随着科学技术的不断发展和新药的相继出现，根据需要药典内容、检验方法等将随之修订和更新。因此，各国的药典需要经常修订，在新版药典出版前，往往由国家药典委员会编辑出版增补版。这种增补版与药典具有相同的法律约束力。

（一）《中华人民共和国药典》

《中华人民共和国药典》简称《中国药典》，由国家药典委员会组织制药企业或药品检验所进行药品质量标准起草修订工作，组织药品检验所进行药品质量标准复核工作[4]。我国药典始于 1930 年出版的《中华药典》，新中国成立后，1953 年颁布我国第一部《中国药典》（1953 年版），1957 年出版了《中国药典》（1953 年版增补本），随着医药事业的发展，新药物和试验方法不断出现，以后陆续发行了 1963 年、1977 年、1985 年、1990 年、1995 年、2000 年、2005 年、2010 年、2015 年版，至今共颁布了 10 个版本。

从 2005 年版药典开始，将生物制品从二部中单独列出，为第三部，这是生物技术药物在医疗中应用日益扩大的要求，也彰显了生物技术药物在医疗领域中的地位[2]。

现行版《中国药典》是 2015 年版，本版药典分为四部，收载品种（表 1-4）共计 5608 种，其中新增品种 1082 个，涵盖了基本药物、医疗保险目录品种和临床常用药品。

表 1-4　《中国药典》（2015 年版）收载品种

药典	收载内容	收载品种
一部	药材及饮片、植物油脂和提取物	2598 个
二部	化学药品、抗生素、生化药品、放射性药品	2603 个
三部	生物制品	137 个
四部	药用辅料、通则和指导原则	270 种、317 个

（二）国外药典

世界上有 40 多个国家编制了国家药典，这些药典对医药科技交流和国际贸易的发展具有极大的促进作用。主要的药典有以下几部。

①《美国药典》（The United States Pharmacopoeia）：简称 USP，现行版为第 37 版（2014 年 5 月 1 日生效）。

②《英国药典》（British Pharmacopoeia）：简称 BP，现行版 2014 年 1 月 1 日生效。

③《日本药局方》（The Japanese Pharmacopoeia）：简称 JP，现行版为第

16 版，2011 年出版。

④《欧洲药典》（European Pharmacopoeia）：简称 EP，是欧洲药品质量控制标准，最新版为 8 版，于 2014 年 1 月生效。由包括欧盟在内共 37 个成员国共同制定。欧洲药典具有法律约束力。

⑤《国际药典》（The International Pharmacopoeia）：简称 Ph. Int.，是世界卫生组织（WHO）为了统一世界各国药品、辅料和剂型的质量标准和质量控制的方法而编纂，可供各国作为编纂药典的参考。

二、其他药品标准

①局颁标准：未列入药典的其他药品标准，由国务院药品监督管理部门另行成册颁布，称为局颁标准。

②省（自治区、直辖市）中药材标准和中药炮制规范。

③省级药品监督管理部门审核批准的医疗机构制剂标准。

④药品试行标准。

⑤药品卫生标准：《药品卫生标准》对中药、化学药品及生化药品的口服药和外用药的卫生质量指标作了具体规定。

第三节 药物制剂的稳定性

要想保证药物制剂的安全可靠，就必须使其具有良好的稳定性。一般来说，药物制剂的稳定性可以分为以下几个方面，如图 1-1 所示。

图 1-1 药物制剂的稳定性

（一）影响因素

药物制剂的处方组成是制剂是否稳定的关键。pH、缓冲盐的浓度、溶剂、离子强度、表面活性剂等因素，均可影响易于水解药物的稳定性。半固体、固体制剂的赋形剂或附加剂，有时对药物的稳定性也有影响[5]。

制剂的稳定性除了与处方因素有关外，温度、光线、空气、湿度、金属离子及包装材料等外界因素对药物均可能产生影响。因此，在对产品确立工艺条件、贮存方法乃至包装设计时，制剂稳定性研究都应建立对这些外界因素的考察。

（二）解决办法

1. 防止药物制剂水解的方法

（1）调节 pH

通常一种药物只在某一 pH 范围内保持稳定。可以通过实验或查阅资料获取其最稳定的 pH 范围。然后用适当的酸碱或缓冲剂调节 pH。在应用中，常选用与药物本身相同的酸或碱，如硫酸卡那霉素用硫酸来调节，氨茶碱用乙二胺来调节。在使用缓冲剂时，常用磷酸、枸橼酸、醋酸及其盐类组成的缓冲系统。

（2）控制温度

在确保灭菌效果的同时可控制为较低的灭菌温度或减少灭菌时间；某些抗生素、生物制品对热特别敏感，可采用冷冻干燥、无菌操作等工艺来避免升温对药物稳定性的影响。

（3）改变溶剂

对于易水解的药物制成液体药剂时，可部分或全部选用非水溶剂代替水，以减少药物的降解速度。例如，地西泮注射液采用乙醇、丙二醇和水的混合溶剂来制备，能使其稳定性增加。

（4）改变剂型

易水解的药物难以制成稳定的液体药剂时，可选择制成固体制剂，如粉针剂、干糖浆剂、颗粒剂等，供临时使用时溶解注射或冲服[1]。

2. 防止药物制剂氧化的方法

对于易氧化的药物，除去氧气是防止氧化的根本措施。生产上一般采用通入 CO_2、N_2，调节 pH，加入抗氧剂、协同剂、络合剂，真空包装等方法来提高药物制剂对氧的稳定性。

（1）充惰性气体

在容器空间及溶液中通入惰性气体，如 CO_2 和 N_2，可以置换其中的

O_2，延缓氧化反应的发生。在配制易氧化药物的水溶液时，通常用新鲜煮沸放冷的纯化水配制，或在纯化水中通入 N_2 或 CO_2，置换溶解在水中的 O_2。制备注射液时，多采用通 CO_2 气体除去水中的 O_2。灌封安瓿时充 CO_2 或 N_2 以除去安瓿空间的 O_2，比除去水中或溶液中的 O_2 更为重要，因为安瓿空间含氧比水中多。

除去水中的和安瓿空间的氧，应根据药物性质选择 CO_2 或 N_2。CO_2 的比重及其在水中的溶解度均大于 N_2，它的驱氧效果比 N_2 好，但 CO_2 溶于水后呈酸性，会改变溶液的 pH，并可使某些钙盐药物产生沉淀。

（2）调节 pH

药物的氧化降解与溶液的 pH 相关。当氧化反应被 H^+ 或 OH^- 催化，溶液的 pH 在偏酸范围时，药物较为稳定；随着溶液 pH 的上升，药物的氧化反应加速。因此，易氧化药物溶液的 pH 一般应调至偏酸性。

（3）控制微量金属离子

微量的金属离子可以促进自动氧化的发生。应使用高纯度的原辅料，避免使用金属器具及工具，防止包装材料中微量金属离子向药液的迁移。必要时可在药液中加入金属络合剂，如依地酸二钠、枸橼酸、酒石酸等来增加药物制剂的稳定性。

（4）改善包装

对于固体制剂，可采用真空包装的方法以减少药物与空气接触的机会。

（三）增加药物制剂稳定性的其他方法

1. 加入干燥剂

若药物成分易水解，可以加入一些具有较强吸水性的物质。在压片过程中，此类物质可以充当干燥剂，将药物中吸附的水分除去，可以使药物的稳定性得到一定的增强。如用 3% 二氧化硅作干燥剂可使阿司匹林的稳定性增强。

2. 制备稳定的衍生物

药物的化学结构是决定制剂稳定性的内因，不同化学结构的药物，具有不同的稳定性。若药物易水解，可以将其制成难溶性盐或难溶性酯类衍生物，进而提高其稳定性。例如，红霉素与乙基琥珀酸形成红霉素乙基琥珀酸酯（琥乙红霉素），耐酸性增强，稳定性增加。

3. 选择包装材料，改善包装方法

包装材料有玻璃、塑料、铝箔和橡胶等。玻璃的理化性质稳定，不透气，使用较广泛。不过，仍需要依据制剂处方进行选用。棕色玻璃可阻挡波长小于 470nm 的光线透过，故对光敏感的药物可用棕色玻璃瓶包装，但棕色玻璃中含铁量较高，易发生氧化的药物溶液不宜选用。

塑料为聚氯乙烯、苯乙烯、聚乙烯、聚丙烯、聚酯等高分子材料的总称。为了成型或防止老化的需要，塑料中常加入增塑剂、防老剂等附加剂，有些附加剂具有一定毒性，因此药用包装塑料应选用无毒塑料制品。塑料制品有质轻、可塑、不易破损等优点，但亦存在着透气、透湿、物质的吸附与迁移等缺点。高密度聚乙烯容器透气、透湿性下降，表面硬度增大，可用作片剂、胶囊剂的外包装材料。

橡胶制品和塑料制品存在同样的问题，成型时需加入硫化剂、填充剂、防老剂等附加剂。为防止污染药液，输液剂所使用的胶塞常需采用硅化处理、内垫隔离膜等措施。

某些引湿性较强的固体制剂，必要时还应对包装容器内的相对湿度进行控制，如使用二氧化硅作为干燥剂，包装可选用铝塑包装等密封性好的包装形式。

第四节　空气净化技术

空气净化技术是指为创造洁净空气环境而采用的空气调节技术。它的任务是研究并采取有效措施，控制生产场所中空气的尘粒数和细菌污染程度以及保持适宜的温湿度，以防止空气对产品质量的影响。

药品的质量是指药品的安全性、有效性、稳定性等诸多方面。药品的安全性又包括药品本身的安全和异物污染引起的各种不良影响等。空气净化技术主要是针对后者而采取的一种有效措施，对药品质量的提高有着重要意义。

洁净空气在洁净室内的流动形式有层流式和非层流式之分。

（一）层流空气净化技术

层流指空气流线方向单一，呈平行状态。层流的优点表现为：①空气呈层流形式运动，室内悬浮粒子均在层流层中直线运动，可避免悬浮粒子聚结成大粒子而沉降，室内空气也不会出现滞留状态。②室内新产生的污染物能

很快被层流空气带走，即有自行除尘作用。③可避免不同粒径大小或不同药物粉末的交叉污染，降低废品率[6]。

1. 垂直层流净化

是以送风口布满顶棚，地板全部做成回风口，使气流自上而下地流动以净化空气的方式（图1-2）。

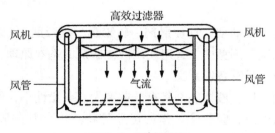

图1-2 垂直层流

2. 水平层流净化

是以送风口满布一侧壁面，对应壁面为回风墙，气流以水平方向流动以净化空气的方式（图1-3）。

（二）非层流空气净化技术

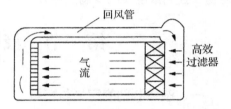

图1-3 水平层流

非层流指气流以不规则的轨迹进行流动，习惯上又称紊流（图1-4）。

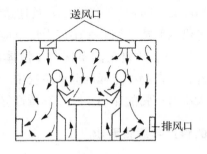

图1-4 非层流

此种净化方式是送风口和回风口只占净化室断面的很小一部分，送入的洁净空气扩散到全室，使含尘空气被洁净空气稀释而降低粉尘浓度，以达到净化空气的目的。一般根据送、排风口的布置形式及换气次数可达到不同的洁净度。

第二章　液体制剂技术

液体制剂是其他剂型（如注射剂、软胶囊、软膏剂、栓剂、气雾剂等）的基础剂型，在这些剂型中，普遍使用液体制剂的基本原理，因此液体制剂在药剂学上的应用具有普遍意义。

与固体制剂相比，液体制剂具有分散度大、刺激性小，便于分剂量、易于服用、能深入腔道，吸收快、作用迅速等特点[7]。某些固体药物如溴化物、碘化物等，口服后局部药物浓度高，对胃肠道有刺激性，制成液体制剂后易于控制浓度而减少刺激性。

第一节　液体制剂概述

一、液体制剂的定义与特点

（一）液体制剂的定义

液体制剂（liquid preparations）是指药物分散在适宜的分散介质中制成的液体形态的药剂，可供内服或外用，是临床上广泛应用的一类剂型，包括很多种剂型和制剂，是一个非常复杂的系统[5]。液体制剂的分散相，可以是固体、液体或气体药物，药物在这样的分散系统中，分散介质的种类、性质和药物分散粒子的大小对药物的作用、疗效和毒性等有很大影响。

（二）液体制剂的特点与质量要求

（1）特点

液体制剂与固体制剂（散剂、片剂等）相比有以下特点：①药物的分散度大，接触面积大，吸收快，能迅速发挥疗效；②给药途径广泛，可用于口服，也可用于皮肤、黏膜和腔道给药；③便于分取剂量，服用方便；④减少某些药物的刺激性。

但液体制剂也存在许多需要注意和有待解决的问题，如化学稳定性差，药物之间容易发生作用而失去原有的效能；以水为溶剂者易发生水解或霉败，非水溶剂的生理作用大、成本高，且有携带、运输、贮存不便等缺点。

（2）质量要求

①溶液型液体制剂应澄明，乳浊液型或混悬液型制剂应保证其分散相粒子小而均匀，振摇时可均匀分散；②浓度准确、稳定、久贮不变；③分散介质最好用水，其次是乙醇；④制剂应适口、无刺激性；⑤稳定性要好，且具有一定的防腐能力；⑥包装容器大小适宜，便于病人携带和使用。

二、液体制剂的分类

液体制剂按分散系统分类，则有均相液体制剂和非均相液体制剂。均相液体制剂为溶液型液体制剂，没有相界面的存在，称为溶液（真溶液），其中药物（分散相）分子质量小的称为低分子溶液，分子质量大的称为高分子溶液[8]。非均相液体制剂，根据其分散相粒子的不同，可分为溶胶剂、混悬剂和乳剂。分散系统的分类如图 2-1 所示。

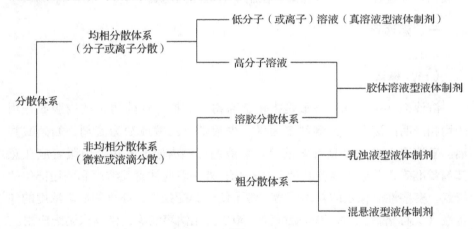

图 2-1 分散系统的分类

高分子溶液和溶胶分散体系在药剂学中一般统称为胶体溶液型液体制剂，因为它们分散相粒子的大小属于同一个范围（1~100nm），且在性质上有许多共同之处，但前者为真溶液，属均相液体制剂，而后者为微粒分散体系，属非均相液体制剂。

第二节　溶液型液体制剂

溶液型液体制剂是指小分子药物以分子或离子状态分散在溶剂中形成的供内服或外用的真溶液。真溶液中由于药物的分散度大，其总表面积及与机体的接触面积最大。口服后药物均能较好地吸收，故其作用和疗效比同一药物的混悬液或乳浊液快而高。

溶液型液体制剂分为低分子溶液型液体制剂和高分子溶液型液体制剂（常称为高分子溶液剂）。低分子溶液型液体制剂主要有溶液剂、芳香水剂、糖浆剂、甘油剂、涂剂、酊剂和醑剂等，习惯上，又将低分子溶液型液体制剂称为溶液型液体制剂，也有称为低分子溶液剂。

药物在真溶液中高度分散，固然为其优点，但其化学活性也随之增高，特别是某些药物的水溶液很不稳定，如青霉素、抗坏血酸等在干燥粉末时相对稳定，但其水溶液就极易氧化或水解而失效。此外，为防止多数药物的水溶液在贮存过程发生变质现象，在制备时应加入防腐剂。

一、溶液剂

（一）概述

溶液剂（solution）一般是指化学药物（非挥发性药物）的内服或外用的均相澄明溶液[8]。其溶剂多为水，少数则以乙醇或油为溶剂，如硝酸甘油乙醇溶液、维生素 D 油溶液等。溶液剂可供内服或外用，内服者应注意其剂量准确，并适当改善其色、香、味；外用者应注意其浓度和使用部位的特点。有些性质稳定的常用药物，为了便于调配处方，亦可制成高浓度的储备液（又称倍液），如50% 硫酸镁、50% 溴化钠溶液等，供临床调配应用。

（二）制法与举例

1. 溶解法

此法适用于较稳定的化学药物，多数溶液剂都采用此法制备。制备工艺流程如图 2-2 所示，制备时，一般将药物用溶剂总体积的 75%～80% 溶解，过滤，在自滤器上添加溶剂至全量，搅匀，过滤后的药液应进行质量检查。

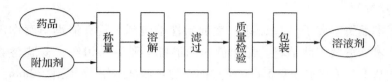

图 2-2　溶解法制备工艺流程

例 2.1　碘化钾溶液

【处方】

碘化钾 100g　硫代硫酸钠 0.5g　蒸馏水加至 1000mL

【制法】

取碘化钾与硫代硫酸钠，加适量新鲜蒸馏水溶解至 1000mL，搅匀，即得。

【注解】

①本品久贮，遇光或露置空气中易分解，加硫代硫酸钠作稳定剂；②本品口服用于视神经萎缩，可促进玻璃体浑浊的吸收，防治地方性甲状腺肿及祛痰。

2. 稀释法

本法适用于高浓度溶液或易溶性药物的浓贮备液等原料。一般均需用稀释法调至所需浓度后方可使用。如浓氨水（质量分数）含 NH_3 25%～28%，而医疗上常用的氨溶液浓度为 0.095～0.105g/mL，因而只能用稀释法制备。又如工业上生产的浓过氧化氢溶液（质量分数）含过氧化氢（H_2O_2）为 26%～28%，而临床常用浓度为 0.025～0.035g/mL。又如 50% 硫酸镁、50% 溴化钾或溴化钠等，一般均需用稀释法调至所需浓度后方可使用。

若浓溶液有较大挥发性和腐蚀性，如浓氨水，稀释操作要迅速，操作完毕应立即密塞，以免挥散过多，影响浓度的准确性。此外，还应注意操作过程中称量方法的正确性。

例 2.2　苯扎溴铵溶液（新洁尔灭溶液）

【处方】

苯扎溴铵 1g　蒸馏水适量　共制 1000mL

【制法】

取苯扎溴铵于 800mL 热蒸馏水中，滤过后加蒸馏水使成 1000mL，即得。

【注解】

①本品属阳离子（季铵盐）表面活性杀菌剂。具有消毒防腐作用。常用于手术器械及皮肤消毒。用于创面的消毒一般为 0.01%；皮肤与器械的消毒为 0.1%（其中加 0.5% 亚硝酸钠以防止器械生锈），浸泡 30min。②本品不宜用于膀胱镜、眼科器械及合成橡胶制品的消毒。③稀释或溶解时不宜剧烈振摇，以免产生大量气泡。④本品亦可用 5% 苯扎溴铵溶液以稀释法配制。⑤本品不宜久贮，空气中微生物污染能使其浑浊、变质、失效。⑥苯扎溴铵常温下为黄色胶状体，低温时可呈蜡状固体；气芳香，味极苦；水溶液呈碱性反应，振摇可产生大量泡沫。⑦本品应遮光密闭贮藏。

例 2.3　稀甲醛溶液的制备

【处方】

甲醛溶液 36%（g/g）以上 100mL　蒸馏水加至 1000mL

【制法】

取甲醛溶液加蒸馏水成 1000mL，置密闭容器内搅匀即得。

【注解】

①本品主要用作消毒、防腐、保存标本；②甲醛溶液久贮或冷处（9℃以下）贮放，易聚合成多聚甲醛，呈白色浑浊或产生白色沉淀，可倾取上清液测定实际含量后折算使用。

3. 化学反应法

本法适用于原料药物缺乏或不符合医疗要求的情况，此时可将两种或两种以上的药物配伍在一起，经过化学反应而生成所需药物的溶液。化学反应法制备溶液剂时其生成物中多含有化学反应的副产物以及未参加反应的原料物，应采用适宜的方法除去。此法应用较少。

（三）制备溶液剂时应注意的问题

制备溶液剂时应注意如下问题：①一般先取总量 1/2 ~ 3/4 的溶剂加入药物搅拌溶解；②小量药物（如毒药）或附加剂（如助溶剂、抗氧剂等）或溶解度小的药物应先溶解；③易氧化的药物溶解时，宜将溶剂加热放冷后再溶解药物；④应采取适当措施如粉碎、搅拌或加热以溶解难溶解药物；⑤用干燥的容器量取有机溶剂；⑥量取黏稠液体后应加少量水稀释搅匀后再倾出；⑦溶剂应通过滤器加至全量。

二、芳香水剂

（一）概述

芳香水剂是指芳香挥发性药物的饱和或近饱和水溶液。芳香性植物药材用蒸馏法制成的含芳香性成分的澄明溶液，在中药中常称为药露或露剂。

由于挥发油或挥发性物质在水中的溶解度很小，所以芳香水剂的浓度很低，主要用作矫味剂、矫臭剂，但有的也有祛痰止咳、平喘和解热镇痛等治疗作用。用芳香水剂为溶剂配制液体药剂时，常因挥发性物质的盐析而微呈浑浊，若其气味未变者，可加适量乙醇或增溶剂克服，或经过滤至澄清后应用[9]。

（二）制法与举例

1. 溶解法

采用溶解法制备芳香水剂时，应使挥发性药物与水的接触面积增大，以促进其溶解。一般可用以下两种方法：

①振摇溶解法：取挥发性药物 2mL（或 2g）于容器中，加入蒸馏水 1000mL，强力振摇一定时间使之溶解成饱和溶液，用经蒸馏水润湿的滤纸过滤，初滤液如浑浊，应重滤至澄清、自滤器上添加蒸馏水至足量即得。

②加分散剂溶解法：取挥发性药物 2mL（或 2g）置于乳钵中，加入精制滑石粉 15g（或适量的滤纸浆），混研均匀，移至容器中加入蒸馏水 1000mL，振摇一定时间，用润湿滤纸滤至澄清，自滤器上添加蒸馏水至足量，即得。

加入滑石粉（或滤纸浆）作为分散剂，目的是使挥发性药物被分散剂吸附，增加挥发性药物的表面积，促进其分散与溶解；此外，滤过时分散剂在滤过介质上形成滤床吸附剩余的溶质和杂质，起助滤作用，利于溶液的澄清。所用的滑石粉不应过细，以免通过滤材使溶液浑浊。

2. 稀释法

取浓芳香水剂 1 份，蒸馏水 39 份稀释而成。浓芳香水剂制法：取挥发油 20mL，加乙醇 600mL 溶解后分次加入蒸馏水使成 1000mL，震荡后加入滑石粉继续震荡，放置数小时滤过，即得。

例 2.4　薄荷水

【处方】

薄荷油 2mL　蒸馏水适量　共制 1000mL

【制法】

取薄荷油加精制滑石粉 15g，在乳钵中研匀。加少量蒸馏水移至有盖的容器中，加蒸馏水 1000mL，振摇 10min 后用润湿的滤纸滤过，初滤液如浑浊，应重滤至滤液澄清，在自滤器上加适量蒸馏水使成 1000mL，即得。

【注解】

①本品为澄明或几乎澄明的液体，有薄荷味，为芳香调味药与祛风药。口服，一次 10～15mL；②薄荷油中含薄荷脑及薄荷酮等成分。水中溶解度（体积分数）为 0.05%，乙醇中溶解度（体积分数）为 20%，久贮易氧化变质，色泽加深，产生异臭则不能供药用；③本品可加适量非离子型表面活性剂如聚山梨酯 80 为增溶剂，亦可用浓薄荷水 1 份加蒸馏水 39 份稀释制成。

（三）　制备过程中容易出现的问题及处理方法

溶液发现浑浊，是在制备过程中经常出现的问题，可采取再次过滤的方法提高澄明度。

三、糖浆剂

（一）　概述

糖浆剂（syrups）是指含有药物、药材提取物或芳香物质的浓蔗糖水溶液。蔗糖是一种营养物质，其水溶液一旦被微生物污染很容易生长繁殖，使蔗糖逐渐分解，致使糖浆剂酸败、浑浊和药物变质。若蔗糖浓度过高，贮存时易析出糖的结晶，致使糖浆变成糊状甚至变成硬块。浓度低的蔗糖溶液易增殖微生物，故应添加防腐剂。一般可选用苯甲酸及羟苯酯类。

（二）　制法与举例

1. 溶解法

（1）热溶法

热溶法制备工艺流程如图 2-3 所示。蔗糖在水中的溶解度随温度升高而增加，一旦温度超过 100℃或加热时间过长，转化糖的含量便会增加，糖浆剂颜色容易变深。因此，最好在水浴或蒸汽浴上进行，一经煮沸即停止加热，溶解后，趁热过滤。难以滤清的糖浆，可在加热前加入少许鸡蛋清（一般500mL糖浆中，加鸡蛋清两个）或其他澄清剂（骨炭、精制滑石粉、硅藻土等）充分搅匀，然后加热至100℃，蛋白遇热凝固时能将杂质微粒吸附，并浮于表面，放置稍冷，用3~4层纱布过滤，除去凝固蛋白可得澄清的糖浆溶液（或在900kg糖浆中，加入24g蛋白粉亦可）。

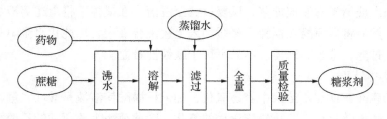

图2-3　热溶法制备糖浆剂工艺流程

（2）冷溶法

冷溶法在室温下将蔗糖溶于蒸馏水或含药物的溶液中，待完全溶解后，过滤即得。此法适用于主要成分对热不稳定的糖浆，其特点是可制得色泽较浅或无色的糖浆，转化糖较少。但蔗糖溶解慢，需时较长，卫生条件要求严格，以免染菌。

2. 混合法

混合法是将含药溶液与单糖浆均匀混合制备糖浆剂的方法。这种方法适合于制备含药糖浆剂。

例2.5　单糖浆

【处方】

蔗糖850g　纯化水加至1000mL

【制法】

取纯化水450mL，煮沸，加蔗糖搅拌溶解后，继续加热至100℃，布或薄层脱脂棉保温过滤，自滤器上添加纯化水至1000mL，搅匀，即得。

【注解】

本品主要供作矫味剂和赋形剂用。

例 2.6　硫酸亚铁糖浆

【处方】

硫酸亚铁 40g　柠檬酸 2.1g　蔗糖 825g　薄荷醑 2.0mL

纯化水适量　全量 1000mL

【制法】

取硫酸亚铁、柠檬酸用热纯化水溶解，过滤，制得溶液。另取沸纯化水，加入蔗糖煮沸制成糖浆，反复过滤至澄清，在搅拌下将上述溶液加入糖浆内，然后将薄荷醑在搅拌下缓缓加入上述混合液中，加纯化水至 1000mL，搅匀，过滤，分装，即得。本品可用于缺铁性贫血。

【注解】

①硫酸亚铁在水溶液中容易氧化，加入柠檬酸使溶液呈酸性，蔗糖在酸性下水解成转化糖，防止硫酸亚铁的氧化。②薄荷醑为薄荷油的乙醇液，缓缓加入混合液中，以避免溶液浑浊不易滤清。

（三）制备过程中容易出现的问题和处理方法

（1）霉败问题

低浓糖浆易被微生物污染而长霉发酵、酸败、药物变质。因原料不洁，容器、用具处理不当引起。应严控质量，在洁净环境中制备及采用适当的方法对容器用具进行处理并及时灌装。低浓糖浆应加适宜的防腐剂。各种防腐剂联合使用能增强防腐效果。常用的防腐剂为：羟苯酯类，苯甲酸和苯甲酸钠，应用这些防腐剂时，应将糖浆剂 pH 调至酸性（pH≤4）。

（2）沉淀问题

如果用于制备糖浆剂的蔗糖质量较差，蔗糖中的杂质容易发生聚沉现象，导致的结果是糖浆剂在贮藏期间容易产生沉淀，所以在过滤单糖前应加入蛋清、滑石粉等，吸附高分子和其他杂质。

（3）变色问题

糖浆剂制备时，若加热温度过高或加热时间过长，糖浆剂的颜色就会变深。因此，适当降低温度，缩短时间可以减少变色。

四、甘油剂

（一）概述

甘油剂（glycerite）为药物的甘油溶液，专供外用。甘油具有黏稠性、防腐性和吸湿性，对皮肤黏膜有滋润作用，能使药物滞留于患处而起延长药物局部疗效的作用，常用于口腔、耳鼻喉科疾病[1]。

（二）制法与举例

1. 溶解法

将药物直接溶于甘油中制成（必要时加热）。

例 2.7　碘甘油

【处方】

碘 10g　碘化钾 10g　甘油适量　蒸馏水 10mL　共制 1000mL

【制法】

取碘和碘化钾加蒸馏水溶解后，再加甘油成 1000mL，摇匀即得。

【注解】

本品为消毒防腐药，局部涂搽。用于口腔黏膜及牙龈感染。

2. 化学反应法

甘油与药物混合后发生化学反应而制成的甘油剂。

例 2.8　硼酸甘油

【处方】

硼酸 310g　甘油适量　共制 1000g

【制法】

取甘油 460g，置称定质量的蒸发皿中，在沙浴上加热至 140～150℃，将硼酸分次加入，随加随搅拌，待质量减至 520g，再缓慢加入甘油至 1000g，趁热倾入干燥的容器中，密塞即得。

【注解】

①本品为无刺激性的缓和消毒剂，用于耳、喉部消毒；②本品为甘油与硼酸经化学反应生成硼酸甘油酯后，溶于甘油中的溶液。

$$C_3H_5(OH)_3 + H_3BO_3 \longrightarrow C_3H_5BO_3 + 3H_2O$$

因硼酸甘油酯易水解析出硼酸结晶，故反应过程中必须加热将水除尽，但加热温度不宜超过 150℃，以免甘油分解成丙烯醛，使成品呈黄色或棕色并增加刺激性。

$$C_3H_5(OH)_3 \xrightarrow{\text{大于150℃}} CH_2CHCHO + 2H_2O$$

例 2.9　复方硼砂溶液（朵贝儿液）

【处方】

硼砂 15g　碳酸氢钠 15g　液化苯酚 3mL　甘油 35mL

蒸馏水适量　共制 1000mL

【制法】

取硼砂溶于约 800mL 热蒸馏水中，放冷后再加碳酸氢钠溶液；另取液化苯酚加入甘油中，搅匀后倾入硼砂、碳酸氢钠溶液中，随加随搅拌，静置片刻或待不产生气泡后过滤，自滤器上加蒸馏水至 1000mL，搅匀，加伊红着色成粉红色，即得。

【注解】

①硼砂遇甘油后，生成一部分甘油硼酸呈酸性，遇碳酸氢钠反应生成甘油硼酸钠、二氧化碳和水。②本品中所含的甘油硼酸钠与液化苯酚均有杀菌防腐作用，因甘油硼酸钠呈碱性，故尚有除去酸性分泌物的作用。③制剂中苯酚有轻度局部麻醉作用和抑菌作用。④本品应加着色剂（如曙红钠），调成粉红色，以示外用，不可咽下。⑤本品为含漱剂。加 5 倍温水稀释后漱口，慎勿咽下，一日数次。用于口腔炎、咽喉炎及扁桃体发炎等。

第三节　胶体溶液型液体制剂

一、高分子溶液剂

（一）概述

高分子溶液剂（polymer solution agents）是指高分子化合物溶解于溶剂中形成的均匀分散的液体制剂。因溶质的分子直径达胶粒大小，故其兼有溶液和胶体的性质。在药物制剂中，几乎所有的剂型都与高分子溶液有关。例如，液体制剂中胃蛋白酶合剂；血浆代用品中的右旋糖酐注射液、聚氧乙烯吡咯烷酮注射液、羧甲基淀粉钠注射液；滴眼剂中的荧光素钠滴眼剂；作助悬剂的如明胶溶液、甲基纤维素溶液、甲基纤维素钠溶液等；片剂辅料中的黏合剂如淀粉浆、片剂的薄膜衣、肠溶衣材料，以及栓剂、软膏剂、胶囊剂、缓释与控释制剂、膜剂等剂型的制备均需应用大量各种高分子溶液。

（二）高分子溶液的性质

1. 带电性

很多高分子化合物在溶液中带有电荷，这些电荷主要是由于高分子结构中某些基团解离的结果。由于种类不同，高分子溶液所带的电荷也不一样，如带正电的壳聚糖，带负电的阿拉伯胶、海藻酸钠，带两性电荷的蛋白质等。带两性电荷的蛋白质分子随溶液 pH 不同，可带正电或负电。当溶液的pH 等于等电点时其分子呈中性，此时溶液的黏度、渗透压、溶解度、导电性等都变得最小。当溶液的 pH 大于等电点时，则蛋白质带负电荷；若溶液的 pH 小于等电点时，则蛋白质带正电荷。由于高分子化合物在溶液中带电，所以具有电泳现象。利用电泳法可测得高分子化合物所带电荷的种类。

2. 稳定性

高分子溶液的稳定性主要取决于水化作用，即在水中高分子周围可形成一层较坚固的水化膜，水化膜能阻碍高分子质点相互凝集，而使之稳定。一些高分子质点带有电荷，由于排斥作用对其稳定性也有一定作用，但对高分子溶液来说，电荷对其稳定性并不像对疏水胶体那么重要。如果向高分子溶液中加入少量电解质，不会由于反离子作用（电位降低）而聚集。但若破坏其水化膜，则会发生聚集而引起沉淀。破坏水化膜的方法之一是向亲水胶体溶液中加入大量脱水剂（如乙醇、丙酮等），可使胶粒失去水化层而沉淀。高分子羧甲淀粉右旋糖酐的制备，就是利用这一方法，通过控制所加乙醇的浓度，而将适宜相对分子质量的制品分离出来。另一破坏高分子水化膜的方法是加入大量的电解质（如盐类及其浓溶液），不仅能中和胶粒的电荷，而且更由于电解质的强烈水化作用，夺去了高分子质点中水化膜的水分而使其沉淀，这一过程称为盐析。

3. 凝胶

凝胶有脆性与弹性两种，前者失去网状结构内部的水分后就变脆，易研磨成粉末，如硅胶；而弹性凝胶脱水后，不变脆，体积缩小而变得有弹性，如琼脂和明胶。有些高分子溶液，当温度升高时，高分子化合物中的亲水基团与水形成的氢键被破坏而降低其水化作用，形成凝胶分离出来。当温度下降至原来温度时，又重新胶溶成高分子溶液，如甲基纤维素、聚山梨酯类等即属于此类[8]。

（三）高分子溶液剂的制备

高分子溶液剂的制备与溶液剂相似，但由于其溶质为高分子化合物，在制备中需注意以下问题：

①高分子化合物的种类甚多，有的溶于水，而有的则溶于有机溶剂，且其溶解的速度快慢不同。高分子化合物的胶溶，均经过有限溶胀与无限溶胀过程。无限溶胀常需加以搅拌或加热等步骤才能完成。如明胶、琼脂、树胶类、纤维素及其衍生物、胃蛋白酶、羧甲淀粉等在水中溶解均属于这一过程。

②亲水胶体的颗粒溶解速度较慢，主要原因是胶体颗粒遇水后，表面可形成黏稠的水化层，阻止水分的渗透而形成团块状。为防止此现象的发生，制备亲水胶体溶液时，可先在配液罐内加水，再将胶体物料粉碎成细粉后均匀撒入水中，使其自然吸收水分完全膨胀后再进行搅拌或加热溶解。

亲水性高分子溶液的制备因原料状态不同而有所差别。对于粉末状原料，取所需水量的 1/2 ~ 3/4，置于广口容器中，将粉末状原料撒在水面上，令其充分吸水膨胀，最后振摇或搅拌即可溶解；也可将粉末状原料置于干燥的容器内，先加少量乙醇或甘油使其均匀润湿，再加入大量水搅拌使溶，如胃蛋白酶、汞红溴、蛋白银等溶液的制备。对于片状、块状原料，先使成细粉，加少量水放置，使其充分吸水膨胀，然后加足量的热水，也可加热使其溶解，如明胶、琼脂溶液的制备。

（四）典型高分子溶液剂实例分析

例 2.10 胃蛋白酶合剂

【处方】

胃蛋白酶 20g　橙皮酊 20mL　单糖浆 100mL

羟苯乙酯溶液（5%）10mL　稀盐酸 20mL

蒸馏水适量　共制 1000mL

【制法】

取稀盐酸、单糖浆加于 800mL 蒸馏水中混匀，缓缓加入橙皮酊、羟苯乙酯溶液（5%）随加随搅拌，然后将胃蛋白酶分次缓缓撒于液面上，待其自然膨胀溶解后，再加入蒸馏水使成 1000mL，轻轻摇匀，分装，即得。

【注解】

①本品为助消化药，消化蛋白质，用于缺乏胃蛋白酶或病后消化功能减退引起的消化不良。饭前口服，一次 10mL，一日 3 次。②影响胃蛋白酶活性的主要因素是 pH。一般要求 pH 在 1.5～2.5，故加入稀盐酸调节 pH。③溶解胃蛋白酶时，应将其撒在液面上，静置使其充分吸水膨胀，再缓慢摇匀即得。本品不得用热水配制，不能剧烈搅拌，以避免影响其活力。④本品中的含糖胃蛋白酶消化力为 1：1200，如用其他规格的原料药，应加以折算。⑤胃蛋白酶与碱性药物、碘、胰酶、鞣酸及重金属盐有配伍禁忌，服用时应加以注意。⑥本品易霉败，故不宜久贮，宜新鲜配制。

例 2.11　羧甲基纤维素钠胶浆

【处方】

羧甲基纤维素钠 25g　甘油 300mL　羟苯乙酯溶液（5%）20mL

香精适量　共制 1000mL

【制法】

取羧甲基纤维素钠分次加入 500mL 热蒸馏水中，轻加搅拌使其溶解，然后加入甘油、羟苯乙酯溶液（5%）、香精，最后添加蒸馏水 1000mL，搅匀，即得。

【注解】

①本品为润滑剂，用于腔道、器械检查或肛门检查时起润滑作用。②配制时，羧甲基纤维素钠如先用少量乙醇润湿，再按上法溶解则更为方便。③羧甲基纤维素钠在 pH 为 5～7 时黏度最高，当 pH 低于 5 或高于 10 时黏度迅速下降，一般调节 pH 为 6～8 为宜。④甘油可起保湿、增稠和润滑作用。

例 2.12　心电图导电胶

【处方】

氯化钠 180g　淀粉 100g　甘油 200g　羟苯乙酯溶液（5%）6mL

水适量　共制 1000mL

【制法】

取氯化钠溶于适量水中，加入羟苯乙酯溶液（5%）加热至沸；另取淀粉用少量冷水调匀，将上述氯化钠溶液趁热缓慢加入制成糊状，加入甘油，再加水使成 1000mL，搅匀，分装，即得。

【注解】

①本品供心电图及脑电图检查时电极导电用；②本品用于局部涂搽；③本品为具流动性的无色黏稠液体，应密闭保存。

二、溶胶剂

（一）概述

溶胶剂（sols）是由固体微粒（多分子聚集体）作为分散相的质点，分散在液体分散介质中所形成的非均相分散体系。溶胶剂微粒的大小一般在 1～100nm，由于胶粒有着极大的分散度，微粒与水的水化作用很弱，它们之间存在着物理界面，胶粒之间极易合并，所以溶胶属于热力学不稳定系统。

（二）溶胶剂的构造和性质

1. 溶胶剂的双电层结构

胶粒中带相反电荷的吸附层与扩散层构成了双电层。双电层之间的电位差称为 ξ 电位，双电层之间的电位差只有在胶粒与其周围的分散介质做相对运动时才表现出来，故又称为动电位。ξ 电位的高低，决定于反离子在吸附层和扩散层分布量的多少，吸附层中反离子越多则扩散层的反离子越少，ξ 电位越低，相反，进入吸附层的反离子越少，ξ 电位就越高。故 ξ 电位的高低与分散介质中的电解质浓度密切相关[10]。

2. 溶胶剂的性质

溶胶剂的外观与溶液一样为透明的液体，但由于是以多分子聚集体作为分散相的质点，具有与一般溶液剂不同的特征。

（1）带电性

胶粒本身带有电荷，具有双电层的结构，双电层之间存在着电位差，称为 ξ 电位。由于双电层水化而在胶粒周围形成了水化膜，在一定程度上也增加了溶胶剂的稳定性，但它与电荷所起的稳定作用（排斥作用）比较则是次要的作用。由于胶粒可带正电或带负电，在电场作用下产生电泳现象。ξ 电位越高，电泳速度就越快。例如，$Fe(OH)_3$ 溶胶的结构：

$$\underbrace{\underbrace{[Fe(OH)_3]_m}_{\text{胶核}} \cdot \underbrace{nFeO^+ \cdot (n-x)Cl^-}_{\text{吸附层}} \}^{x+} \cdot \underbrace{xCl^-}_{\text{扩散层}}}_{\text{胶团}}$$

（2）溶胶剂的稳定性

溶胶剂的稳定性，可因加入一定量电解质而破坏。加入电解质时，由于有较多的反离子进入吸附层，使吸附层有较多的电荷被中和，使胶粒的电荷减少，扩散层变薄，水化层也随之变薄，胶体粒子就容易凝结，任何电解质超过一定浓度时，都能使溶胶剂发生凝结，但起主要作用的是电解质中的反离子，而且反离子的价数越高，凝结能力越强。

（3）丁达尔效应（tyndall effect）

由于溶胶粒子大小比自然光的波长小，所以当光线通过溶胶剂时，有部分光被散射，溶胶剂的侧面可见到亮的光束，称为丁达尔效应。这种现象可用于对溶胶剂的鉴别[5]。

（三）溶胶剂的制备

溶胶剂的制备有分散法和凝聚法两种。

（1）分散法

分散法是把粗分散物质分散成胶体微粒的方法。

①研磨法：适用于脆而易碎的药物，生产上多采用胶体磨进行制备。分散药物、分散介质以及稳定剂从加料口处加入胶体磨中，胶体磨以10000转/分的转速高速旋转将药物粉碎到胶体粒子范围。采用机械分散法可以制成质量很好的溶胶剂。

②胶溶法：将新生的粗粒子重新分散成溶胶粒子的方法叫作胶溶法，胶溶法把暂时聚集在一起的胶体粒子重新分开而成溶胶剂。

（2）凝聚法

①物理凝聚法：通过改变分散溶媒，使溶解的药物凝聚成溶胶剂的方法。由于溶媒由乙醇改变为水，硫黄在水中的溶解度小，故迅速析出形成胶粒而分散于水中。

②化学凝聚法：借助氧化、还原、水解及复分解等化学反应制备溶胶剂的方法。

例 2.13　Fe（OH）$_3$ 溶胶剂的制备

【处方】

FeCl$_3$ 溶液 10mL（10%）　　H$_2$O 200mL

【制法】

在 250mL 烧杯中，加入 200mL 蒸馏水，加热至沸，慢慢滴入 10mL

（10%）FeCl₃溶液，并不断搅拌，加完继续保持沸腾 5min，即可得到红棕色的 Fe（OH）₃溶胶。

【注意事项】

① FeCl₃一定要逐滴加入并不断搅拌；②在胶体体系中存在过量的 H⁺ 和 Cl⁻要除去。

第四节　混悬剂

一、概述

混悬剂是指难溶性固体药物的颗粒分散在液体分散介质中，所形成的非均相分散体系。在药剂学中，混悬剂与许多种剂型有关，其在合剂、洗剂、搽剂、注射剂、滴眼剂、气雾剂等剂型中都有应用。

混悬剂除要符合一般液体制剂的要求外，颗粒应细腻均匀，大小应符合该剂型的要求；混悬剂微粒不应迅速下沉，沉降后不应结成饼状，经振摇应能迅速均匀分散，以保证能准确地分取剂量。投药时需加贴"用前振摇"或"服前摇匀"的标签[8]。

二、混悬剂的稳定性

混悬剂分散相的微粒大于胶粒，因此微粒的布朗运动不显著，易受重力作用而沉降，所以混悬液是动力学不稳定体系。由于混悬剂微粒仍有较大的界面能，容易聚集，所以又是热力学不稳定体系。

（一）混悬微粒的电荷与 ξ 电位

与胶体微粒相似，混悬微粒可因本身电离或吸附溶液中的离子（杂质或表面活性剂等）而带电荷。微粒表面的电荷与介质中相反离子之间可构成双电层，产生 ξ 电位。当向混悬剂中加入电解质时，由于 ξ 电位和水化膜的改变，可使其稳定性受到影响。因此，在向混悬剂中加入药物、表面活性剂、防腐剂、矫味剂及着色剂等时，必须考虑到对混悬剂微粒的电性是否有影响。

（二）混悬微粒的润湿与水化

固体药物能否被水润湿，与混悬剂制备的难易、质量的好坏及稳定性大小关系很大。混悬微粒若为亲水性药物，即能被水润湿。与胶粒相似，润湿的混悬微粒可与水形成水化层，阻碍微粒的合并、凝聚、沉降。而疏水性药物不能被水润湿，故不能均匀地分散在水中。但若加入润湿剂（表面活性剂）后，降低固液间的界面张力，改变了疏水性药物的润湿性，则可增加混悬剂的稳定性。

混悬剂的化学稳定性则取决于主药的性质。混悬剂中的主药以固体微粒形式分散在液体中，但也有一部分主药溶解在液体中。一般固态比液态稳定，因此混悬液的化学稳定性主要指溶解在液体中的那一部分主药是否可因化学反应而变质。通常可采用减少主药的溶解度或防止溶液中主药起化学反应的方法来提高其化学稳定性。

（三）混悬微粒表面能与絮凝

由于混悬剂中微粒的分散度较大，因而具有较大的表面自由能，易发生粒子的合并。加入表面活性剂或润湿剂和助悬剂等可降低表面张力，因而有利于混悬剂的稳定。如果向混悬剂中加入适当电解质，使ξ电位降低到一定程度，混悬微粒就会变成疏松的絮状聚集体沉降，这个过程称为絮凝。在絮凝过程中，微粒先絮凝成锁链状，再与其他絮凝粒子或单个粒子连接，形成网状结构而徐徐下沉，所以絮凝沉淀物体积较大，振摇后容易再分散成为均匀的混悬剂。但若电解质应用不当，使ξ电位降低到零时，微粒便因吸附作用而紧密结合成大粒子沉降并形成饼状，不易再分散。

（四）微粒的增长与晶型的转变

许多结晶性药物，都可能有几种晶型存在，其中只有一种晶型是最稳定的称为稳定型，其他晶型都不稳定。一段时间后，不稳定的晶型也会转变为稳定型，这种热力学不稳定晶型，一般称为亚稳定晶型。由于亚稳定晶型常有较大的溶解度和较高的溶解速度，在体内吸收也较快，所以在药剂中常选用亚稳定晶型以提高疗效。但在制剂的贮存或制备过程中，亚稳定型必然要向稳定型转变，这种转变的速度有快有慢，如果在混悬液制成到使用期间，不会引起晶型转变（因转变速度很慢），则不会影响混悬剂的稳定性。但对转变速度快的亚稳定型，就可能因转变成稳定型后溶解度降低等而产生结块、沉淀或生物利用度降低。由于注射用混悬剂可能引起堵塞针头，对此一一般可采用增加分散介质的黏度避免。

三、混悬剂的稳定剂

（一）助悬剂

助悬剂的主要作用是可增加分散介质的黏度，降低药物微粒的沉降速度；可被药物微粒表面吸附形成机械性或电性的保护膜，阻碍微粒合并、絮凝或结晶的转型[5]。

助悬剂的用量，则应视药物的性质（如亲水性强弱等）及助悬剂本身的性质而定。疏水性强的药物多加，疏水性弱的药物少加，亲水性药物一般可不加或少加助悬剂。

常用的天然高分子助悬剂有：阿拉伯胶（粉末或胶浆，一般用量为5%～15%）、西黄蓍胶（一般用量为 0.5%～1%）、琼脂（一般用量为0.2%～0.5%）、淀粉浆、海藻酸钠等。使用天然高分子助悬剂的同时，应加入防腐剂，如苯甲酸类、尼泊金类或酚类等。

（二）润湿剂

润湿是指由固－气两相的结合状态转变成固－液两相的结合状态。很多固体药物如硫黄、某些磺胺类药物等，其表面可吸附空气，此时由于固－气两相的界面张力小于固－液两相的界面张力，所以当与水振摇时，不能为水所润湿，称为疏水性药物；反之，能为水润湿，且在微粒周围形成水化膜的，称为亲水性药物。用疏水性药物配制混悬剂时，必须加入润湿剂。外用润湿剂可用肥皂、月桂硫酸钠、二辛酸酯磺酸钠、磺化蓖麻油、司盘类。内服可用聚山梨酯类（如聚山梨酯 20、聚山梨酯 60、聚山梨酯 80 等）；甘油、乙醇等亦常用作润湿剂，但效果不强。

四、混悬剂的制备方法及实例分析

（一）分散法

分散法是将固体药物粉碎至符合混悬微粒分散度要求后，再混悬于分散介质中的方法。加助悬剂的调制方法是将固体药物先与助悬剂混合，加少量液体仔细研磨，然后再逐渐加入余量液体。或先将助悬剂制成溶液，再分次逐渐地加入固体药物中研匀。加液研磨可使粉碎过程容易进行。加入液体的量对研磨效果有很大关系，通常 1 份药物加 0.4~0.6 份液体即能产生最大的分散效果。加入的液体通常是处方中所含有的，如处方中含有樟脑，可先将其与乙醇一起研磨，并加入与其等重量的软皂，以降低其与水的界面张力，使之能被水润湿。含硫时可先将其与甘油（必要时也可用软皂）研磨，甘油能将硫润湿，并能促进其形成混悬液。如果处方中有共熔混合物时，可先将其共熔变成液体后，再制成混悬液。

制备过程中如果搅拌反而可能破坏粒子间的毛细管作用，使药物凝聚成团块。最后添加适量助悬剂，搅匀即得。如图 2-4 所示为分散法制备混悬剂的工艺流程。

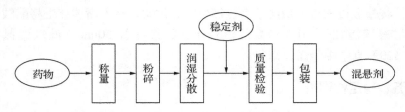

图 2-4　分散法制备混悬剂的工艺流程

为使药物有足够的分散度，对一些质重的药物可采用"水飞法"，即在加水研磨后，加入大量水（或分散介质）搅拌，静置，倾出上层液，将残留于底部的粗粒再研磨，如此反复至不剩粗粒为止。

（二）凝聚法

1. 化学凝聚法

将两种药物的稀溶液，在低温下相互混合，使之发生化学反应生成不溶性药物微粒混于分散介质中制成混悬剂。这样制得的混悬剂分散比较均匀[10]。如果溶液浓度较高，混合时温度又较高则生成的颗粒较大，产品质量较差。为提高产品质量，有的尚需注意混合顺序。如氢氧化铝凝胶及用于胃肠道透视的 $BaSO_4$ 都是用此法制成。

例 2.14　氢氧化铝凝胶

【处方】

明矾 4000g　碳酸钠 1800g

【制法】

取明矾、碳酸钠分别溶于热水中制成 10% 和 12% 的水溶液，分别滤过，然后将明矾溶液缓缓加到碳酸钠溶液中，控制反应温度在 50℃ 左右。最后反应液 pH 为 7.0~8.5。反应完毕以布袋过滤，用水洗至无硫酸根离子反应。含量测定后，混悬于蒸馏水中，加薄荷脑 0.02%，糖精 0.04%，苯甲酸钠 0.5%。

2. 物理凝聚法（微粒结晶法）

物理凝聚法一般是选择适当溶剂将药物制成热饱和溶液，在急速搅拌下加至另一种不同性质的冷液体中，快速结晶，再将微粒分散于适宜介质中制成混悬剂。如醋酸可的松滴眼剂就是采用凝聚法制成的微晶的混悬剂，其制法为：将醋酸可的松 1 份溶于 5 份氯仿中，过滤，在不断搅拌中将醋酸可的松氯仿溶液滴加至 10~15℃ 的汽油中，继续搅拌 30min，滤取结晶，于 100~120℃ 真空中干燥，即得。

五、稳定性评价

测定混悬剂粒子大小常采用显微镜法、库尔特计数法进行测定。

（1）显微镜法

用光学显微镜观测混悬剂中微粒大小及其分布。如用显微镜照相法拍摄微粒照片，方法更简单、可靠，具有保存性。通过不同时间所拍摄照片的观察对比，更确切地对比出混悬剂储存过程中的微粒变化情况。

（2）库尔特计数法

常用库尔特计数器测定。库尔特计数器的基本传感元件是小孔管，小孔管下端有小孔，小孔的直径几十微米到 1000μm，将小孔管浸没于待测样品在适宜电解质溶液的混悬液中，在小孔管的内、外各加一电极，使样品的混悬液通过小孔管而流动，当混悬液中的粒子通过小孔时，因为粒子不导电，两个电极间的电阻瞬间增大，产生一个其大小与粒子体积相关的电压脉冲，经处理而换算成球形粒子的体积，并求得粒径。可在很短时间内测量 10 万个粒子的粒径，并可打印或绘制出若干个粒径组的分布数据或分布曲线。

第五节 乳剂

一、概述

乳剂（emulsions）是指互不相溶的两相液体混合，乳剂中分散的液滴称为分散相、内相或不连续相，包在液滴外面的另一相则称为分散介质、外相或连续相[5]。若乳滴直径在 100nm 以下时，称为微乳，因其乳滴约为光波长的 1/4，故可产生散射，即呈现丁达尔效应。一般乳滴在 50nm 以下的微乳是透明的，100nm 以上则呈现白色。

一般的乳剂为乳白色不透明的液体，其液滴大小为 $0.1 \sim 10\mu m$，当液滴在 $0.1 \sim 0.5\mu m$ 范围称为亚微孔，液滴小于 $0.1\mu m$ 的乳剂称微乳（或称胶束乳剂），微乳为透明液体。静脉注射用的乳剂应为亚微乳，液滴可控制在 $0.25 \sim 0.4\mu m$ 范围内。乳剂中的液滴分散度大，具有很大的总表面积，界面自由能高，因而属于热力学不稳定体系。

（一）乳剂的基本组成

乳剂由水相（W）、油相（O）和乳化剂组成，三者缺一不可。根据乳化剂的种类、性质及相体积比（φ）可形成水包油型（O/W）或油包水型（W/O），也可制备复乳，如 W/O/W 型或 O/W/O 型。

（二）乳剂的特点

药物制成乳剂后分散度大、吸收快、显效迅速，有利于提高生物利用度；油类与水不能混合，因此，分剂量不准确，制成乳剂后，分剂量较准确、方便；对于口服型乳剂来说，水包油型乳剂可将味道不佳的油分散到经矫味甜化的水相中并通过味蕾进入胃中，这样可使乳剂变得可口。

静脉注射乳剂注射后分布快、药效高，有靶向性；乳剂外用于皮肤时，可根据包入乳剂中的治疗物质、制剂作为软化剂期望达到效果或其软化组织的效果及皮肤表面的情况等因素来考虑制成 O/W 型或 W/O 型乳剂。

对皮肤有刺激作用的药物制成局部给药的乳剂时，其存在于内相时的刺激性通常要比在外相中直接与皮肤接触小得多。当然，在制备乳剂时使用药物在水中和油中的混溶性或溶解性在很大程度上被用来指导选择何种介质，其特性反过来也间接表明了最终制得的为何种乳剂。当用于未破损的皮肤时，油包水型乳剂通常可以更均匀地涂抹于皮肤表面，这是因为皮肤表面覆盖着一层薄薄的皮脂膜，油比水有更好的软化作用。

二、乳化剂

分散相分散于介质中，形成乳剂的过程称为乳化。乳化时，除所需油、水两相外，还需加入能够使分散相分散的物质，称为乳化剂[1]。乳化剂的作用是降低界面张力、在液滴周围形成坚固的界面膜或形成双电层。

（一）乳化剂的种类

（1）天然乳化剂

天然乳化剂多为高分子化合物，容易被微生物污染，故宜新鲜配制或加入适宜防腐剂。

①阿拉伯胶。主要含阿拉伯胶酸的钾、钙、镁盐。可形成 O/W 型乳剂。适用于乳化植物油、挥发油，因阿拉伯胶羧基离解，形成的多分子膜带负电荷，可形成物理障碍和静电斥力而阻止乳滴的集聚，多用于制备内服乳剂。阿拉伯胶的常用浓度为 10%~15%，稳定 pH 为 4~10。在阿拉伯胶作乳化剂的产品中，西黄蓍胶和琼脂通常被用作增稠剂。

②西黄蓍胶。为 O/W 型乳化剂，其水溶液黏度大，pH 为 5 时黏度最大。由于西黄蓍胶乳化能力较差，一般不单独作乳化剂，而是与阿拉伯胶合并使用。

③明胶。可作为 O/W 型乳化剂使用，用量为油量的 1%~2%。明胶为两性化合物使用时需注意 pH 的变化及其他乳化剂（如阿拉伯胶等）的电荷，防止产生配伍禁忌。

（2）表面活性剂

此类乳化剂具有较强的亲水性、亲油性，容易在乳滴周围形成单分子乳化膜，乳化能力强，性质较稳定。

常用 HLB 值 3~8 者为 W/O 型乳化剂，而 HLB 值 8~16 者为 O/W 型乳化剂。表面活性剂类乳剂混合使用效果更好。要注意的是，在制备乳剂时，选择表面活性剂首先考虑的是其离子的性质。非离子型表面活性剂在 pH 为 3~10 范围内是有效的，而阴离子型表面活性剂则要求 pH 大于 8。

（3）固体微粒乳化剂

这类乳化剂为不溶性固体微粉，可聚集于液液界面上形成固体微粒膜而起乳化作用。此类乳化剂形成的乳剂类型是由接触角 θ 决定的。当 $\theta < 90°$ 时易被水润湿，形成 O/W 型乳剂，如氢氧化镁、氢氧化铝、二氧化硅、皂土等；当 $\theta > 90°$ 时易被油润湿，则形成 W/O 型乳剂，如氢氧化钙、氢氧化锌、硬脂酸镁等。

（二）乳化剂的要求与选择

1. 乳化剂的要求

优良的乳化剂所制成的乳剂，分散度大、稳定性好、受外界因素影响小、分散相浓度增大时不易转相；不易被微生物分解和破坏；毒性和刺激性小；价廉易得。目前没有一种乳化剂能具备上述的全部条件，但可根据两相液体的性质来考虑所要求的主要条件。

2. 乳化剂的选择

口服乳剂应选择无毒的天然乳化剂或某些亲水性高分子乳化剂，如阿拉伯胶、西黄蓍胶、白芨胶、吐温类、卵黄、卵磷脂、琼脂、果胶等。

外用乳剂应选择对局部无刺激性、长期使用无毒性的乳化剂，如肥皂类及各种非离子型表面活性剂等。一般不用高分子溶液作乳化剂，因易于结成膜。一般表面活性较强的物质，可以引起刺激性，产生过敏和皮炎。外用乳剂可以有不同的稠度，可以是 O/W 型或 W/O 型。

注射用乳剂应选择磷脂、泊洛沙姆等乳化剂。

三、乳剂的稳定性

乳剂属于热力学不稳定的非均相分散体系，其不稳定现象主要表现在以下几个方面。

（一）分层

乳剂分层又叫乳析。内相液滴的聚集体比其单个颗粒具有更大的趋势上浮到乳剂顶部或下沉到底部。这种聚集体的形成称为乳剂的分层。乳剂中分层的部分可通过振摇使其分散均匀，但在给一定剂量之前聚集体很难被再分散，或振摇不充分时，可导致内相中剂量的不准确。而且，药物乳剂的分层使其产品变得不美观，不易被消费者接受。更重要的是，它增加了液滴合并的危险。

根据 stokes 方程，乳剂中分散相的分层速度与一些因素有关，如分散相的粒子大小、各相间的密度差异以及外相的黏度。重要的是必须意识到内相粒子大小的增加、较大的两相密度差异以及外相黏度的降低会导致分层速度增加。因此，要增加乳剂的稳定性，其液滴或粒子的大小必须尽可能地降低到最低程度，内外相的密度差异应最小，外相的黏度在合理范围内应最大。增稠剂如西黄蓍胶和微晶纤维素经常被用于乳剂以增加外相的黏度。内相密度小于外相密度的不稳定 O/W 型或 W/O 型乳剂易在上部发生分层；在乳剂底部分层则发生与之相反的不稳定乳剂中。

（二）絮凝

乳剂中内相的乳滴发生可逆的聚集现象称为絮凝。但由于乳滴电荷及乳化膜的存在，阻止了絮凝时乳滴的合并。发生絮凝的条件是：乳滴的电荷减少，使 ξ 电位降低，乳滴发生聚集而絮凝。

（三）转相

外在条件的变化而引起的乳剂类型的改变称为转相。由 O/W 型转变为 W/O 型或由 W/O 型转变为 O/W 型，转相主要是由于乳化剂的性质改变而引起的。此外油水两相的比例（或体积比）的变化也可引起转相，如在 W/O 型乳剂中，当水的体积与油体积相比很小时，水可分散在油相中，但加入大量水时，可转变成 O/W 型乳剂。一般乳剂分散相的浓度在 50% 左右最稳定，浓度在 26% 以下或 74% 以上其稳定性较差。

（四）合并与破裂

比分层更具有破坏性的是乳剂内相液滴的合并，从而产生相分离形成不同的液层。乳剂中内相的分离称为乳剂的"破坏"，此时乳剂则被描述成"破裂"。这是不可逆的变化，因为对内相液滴具有保护性的液层已不复存在，即使对分离的两相进行搅拌一般也无法重新制成乳剂。要重新将其制成乳剂，通常必须另外加入乳化剂，再通过适当的设备重新进行处理。通常乳剂需要小心保存，避免过冷或过热。冷冻和解冻会导致乳剂粒子的合并，有时会造成乳剂的破裂，过热也会产生相同的后果。

由于还有其他一些环境条件（如光、空气和微生物的污染）可对乳剂的稳定性产生负面影响，因此，通常还在处方和包装中采取一些措施以减少这些可能影响产品稳定性的危险因素。对光敏感的乳剂需使用不透光的容器。易氧化变质的乳剂需在处方中加入抗氧剂，并有适当的标签警告以保证在每次使用后将容器密闭以隔绝空气。许多真菌、酵母菌和细菌可使乳剂中的乳化剂分解，从而导致系统的破坏。当乳化剂不受微生物影响时，即使产品中已有微生物存在和生长也不会被发觉，而从药物制剂和治疗的观点来看这当然不会是有效的产品。一般在 O/W 型乳剂的水相中加入抑真菌剂，这是因为真菌（真菌和酵母菌）比细菌更容易污染乳剂。经常采用的是联合使用对羟基苯甲酸甲酯和对羟基苯甲酸丙酯。口服 O/W 型乳剂中经常加入占外相体积 12%～15% 的乙醇起防腐作用。

（五）酸败

乳剂受光、热、空气、微生物等影响，使乳剂组成发生水解、氧化，引起乳剂酸败、发霉、变质的现象。可通过添加抗氧剂、防腐剂等，以及采用适宜的包装及贮藏方法，防止乳剂的酸败。

四、乳剂的制备及实例分析

（一）制备方法

1. 胶溶法

胶溶法是以阿拉伯胶（简称为胶）为乳化剂（也可用阿拉伯胶和西黄蓍胶的混合物作为乳化剂），利用研磨的方法制备 O/W 型乳剂的方法。胶溶法又包括干胶法和湿胶法。

（1）干胶法

先将油与胶粉同置于干燥乳钵中研匀，然后一次加入比例量的水迅速沿同一方向旋转研磨，至稠厚的乳白色初乳形成为止，再逐渐加水稀释至全量，研匀，即得（图2-5）。所用胶粉通常为阿拉伯胶或阿拉伯胶与西黄蓍

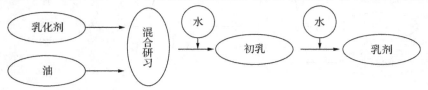

图 2-5 干胶法制备乳剂的工艺流程

胶的混合胶。

（2）湿胶法

本法是将油相加到含乳化剂的水相中（图2-6）。湿胶法制备初乳时油、水、胶的比例与干胶法相同。

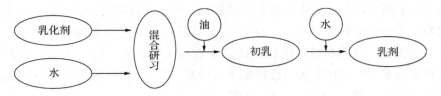

图2-6 湿胶法制备乳剂工艺流程

2. 新生皂法

本法是利用植物油所含的有机酸与加入的氢氧化钠、氢氧化钙、三乙醇胺等，在加热（70℃以上）条件下生成新生皂作为乳化剂，经搅拌或振摇即制成乳剂（图2-7）。本法多用于乳膏剂的制备。

图2-7 新生皂法制备乳剂工艺流程

3. 两相交替加入法

本法是向乳剂中交替加入少量的油或水，边加边搅拌或研磨，即可形成乳剂。

4. 机械法

本法是将油相、水相、乳化剂混合后用乳化机械制备乳剂。机械法制备乳剂可不考虑混合顺序而是借助机械提供的强大能量制成乳剂（图2-8）。

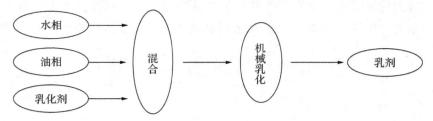

图2-8 机械法制备乳剂的工艺流程

乳化机械主要有电动搅拌器、乳匀机（图2-9）、胶体磨、超声波乳化器、高速搅拌机、高压乳匀机等。

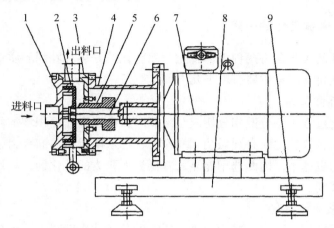

1—定子；2—转子；3—壳体；4—支架；5—机封；6—主轴；
7—电机；8—底座；9—支脚

图2-9　乳匀机结构示意

5. 微乳的制备

微乳除含油、水两相和乳化剂外，还含有辅助乳化剂。乳化剂和助乳化剂应占乳剂的12%~25%。乳化剂主要是界面活性剂，不同的油对乳化剂的HLB值有不同的要求。制备W/O型微乳时，大体要求其HLB值应在3~6范围内；制备O/W型微乳时，则其HLB值应在15~18内。辅助乳化剂一般选择链长为乳化剂的1/2的烷烃或醇等，如正丁烷、正戊烷、正己烷、5~8个碳原子的直链醇。

6. 复合乳剂的制备

用二步乳化法制备。即先将油、水、乳化剂制成一级乳，再以一级乳为分散相与含有乳化剂的分散介质（水或油）再乳化制成二级乳剂。

（二）乳剂中药物的加入方法

乳剂是药物良好的载体，加入各种药物使其具有治疗作用。药物的加入方法为：①水溶性药物先制成水溶液，可在初乳制成后加入；②油溶性药物先溶于油，再制成乳剂；③在油、水两相中均不溶的药物，可用亲和性大的液相研磨药物，再制成乳剂，或制成细粉后加入乳剂中；④大量生产时，药物能溶于油的先溶于油，可溶于水的先溶于水，然后将乳化剂及油水两相混合进行乳化。

（三）影响乳化的因素

制备乳剂主要是将两种液体乳化，而乳化的好坏对乳剂的质量有很大影响。影响乳化的因素主要有以下几方面。

（1）界面张力

在乳化过程中将分散相切成小液滴时，由于界面面积增加而引起表面自由能增大，故乳化时必须做功。操作时，油水两相的界面张力越小，乳化时所需的功也越小，因此选用能显著降低界面张力的乳化剂，只用很小的功就能制成乳剂。

（2）黏度与温度

在两相乳化过程中，黏度越大，所需的乳化功也就越大。加热能降低表面张力和黏度，有利于乳剂的形成。但同时也增加了乳滴的动能，促进了液滴的合并，甚至破裂。故乳化时温度应根据具体情况定，实验证明，最适宜的乳化温度为70℃左右[10]。

（3）乳化剂的用量

乳化剂的用量越少，形成的乳剂越不稳定；乳化剂的用量越多，形成的乳剂也越稳定。一般乳化剂的用量为乳剂的0.5% ~ 10%。

五、乳剂的质量评价

乳剂属于热力学不稳定体系。由于乳剂种类不同，其作用与给药途径不同，因此难于制订统一的质量标准。目前，主要针对影响乳剂稳定性的指标进行测试，以便对各种乳剂质量做定量比较。

（1）乳滴大小的测定

乳剂中乳滴大小可以用显微镜测定仪或库尔特粒度测定仪测定。由乳滴平均直径随时间的改变就可以表示或比较乳剂的稳定性。

（2）乳滴合并速度的测定

可以用升温或离心加速试验考查乳剂中乳滴合并速度，如乳剂用高速离心机离心5min或低速离心20min比较观察乳滴的大小变化。

（3）分层的观察

比较乳剂的分层速度是测定乳剂稳定性的简略方法。采用离心法即以

4000r/min 速度离心 15min，如不分层则认为质量较好；或将乳剂染色，置于刻度管中在室温、低温、高温等条件下旋转一定时间后，由于乳析的作用使分散相上浮或下沉，因分散相浓度不均致使乳剂出现颜色深浅不一的色层变化，未出现该现象的为质量好。但应注意，乳剂的分层速度并不能完全反映乳剂稳定程度。因为有些乳剂虽可长时间出现分层，但经振摇仍可恢复原来的均匀状态。

第三章 灭菌和无菌制剂技术

无菌药品是指法定药品标准中列有无菌检查项目的制剂和原料药，其中的制剂包括非经肠道制剂、无菌的软膏剂、眼膏剂、混悬剂、乳剂及滴眼剂等，按除去活微生物的制备工艺分为灭菌制剂和无菌制剂。灭菌制剂是采用某一物理或化学方法杀灭或除去活的微生物繁殖体和芽孢的一类药物制剂。无菌制剂原则上是制剂中不含任何活的微生物，但绝对无菌既是无法保证也是无法用试验来证实的[11]。

第一节 注射剂①概述

一、典型制剂

例 3.1 维生素 C 注射液

【处方】

维生素 C 104g   EDTA-2Na 0.05g   碳酸氢钠 49.0g

焦亚硫酸钠 2.0g   注射用水加至 1000mL

【制法】

取注射用水 0.8L，通二氧化碳饱和，加维生素 C 溶解，缓加碳酸氢钠溶解；加预先溶解的焦亚硫酸钠、EDTA-2Na 水溶液，调 pH 6.0～6.2，加二氧化碳饱和的注射用水至全量，滤过，通二氧化碳，并在通二氧化碳下灌封，灭菌。

本品用于预防及治疗坏血病，以及出血性体质出血，鼻、肺等器官的出血。

---

① 注射剂（injection）系指药物与适宜的溶剂或分散介质制成的供注入体内的溶液、乳状液或混悬液，以及供临用前配制或稀释成溶液或混悬液的粉末或浓溶液的无菌制剂。

例 3.2　盐酸普鲁卡因注射液

【处方】

盐酸普鲁卡因 0.5g　氯化钠 8.0g　盐酸（0.1mol/L）适量

注射用水加至 1000mL

【制法】

取注射用水约 0.8L，加入氯化钠，搅拌溶解，加盐酸普鲁卡因溶解，用 0.1mol/L 盐酸调 pH 为 4.0 ~ 4.5，加注射用水至全量搅匀，滤过，安瓿灌封，流通蒸汽 100℃、30min 灭菌。大安瓿可适当延长灭菌时间（100℃、45min）。

二、特点

1. 药效迅速，作用可靠

注射剂之所以吸收快、作用迅速，其原因在于：①注射剂直接注射入人体组织、血管或器官内；②注射剂不经胃肠道，避免了消化系统及食物的影响[12]。

2. 适用于不易口服给药的患者

在临床上注射给药在如下几个方面上具有良好效果：①治疗昏迷、抽搐、惊厥等状态的患者；②治疗消化系统障碍的患者。

3. 适用于不易口服的药物

不适于口服的药物具有以下特征：①不易被胃肠道吸收；②具有刺激性；③易被消化液破坏。具有上述特点的药物则可将其制成注射剂。

4. 发挥局部定位作用

如牙科和麻醉科用的局麻药等。

5. 注射给药不方便且安全性较低

由于注射剂是一类直接入血制剂，使用不当更易发生危险。且注射时疼痛，易发生交叉污染，安全性差。故应根据医嘱由技术熟练的人注射，以保证安全[5]。

6. 其他

注射剂制造过程复杂，生产费用较大，价格较高等。

三、给药途径

图 3-1 所示为注射剂的给药途径。

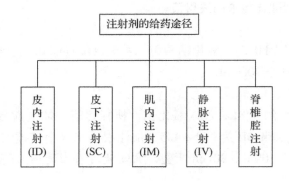

图 3-1 注射剂的给药途径

四、注射剂质量要求

由于注射剂直接注入人体内部，所以必须严格控制注射剂的质量，即药效确切，使用安全，质量稳定。其产品在生产、贮藏及使用过程中，应符合下列质量要求[3]。

1. 无菌

注射剂成品中不得含有任何活的微生物，必须符合《中国药典》现行版无菌检查要求。

2. 无热原

无热原是注射剂的重要质量指标，对于注射量大的，特别是供静脉注射及脊椎腔注射的注射剂，必须按规定进行热原检查，合格后方能使用。

3. 可见异物

不得有肉眼可见的混浊或异物。

4. pH

人体血液的 pH 为 7.4 左右，注射剂的 pH 要求与血液相等或接近，但一般情况下根据药物性质，注射剂的 pH 一般应控制在 4~9 的范围内。

5. 安全性

注射剂不能引起对组织的刺激性或发生毒性反应，特别是一些非水溶剂及一些附加剂，必须经过必要的动物实验，以确保安全。

6. 稳定性

因注射剂多系水溶液，所以稳定性问题比较突出，故要求注射剂具有必要的物理和化学稳定性，以确保产品在储存期内安全有效。

7. 降压物质

有些注射液，如复方氨基酸注射液，其降压物质必须符合规定，确保安全。

五、生产工艺流程

小容量注射剂的生产工艺流程见图3-2和图3-3。小容量注射剂也称水针剂，指装量小于50mL的注射剂，根据工艺验证结果，选用最终灭菌和非最终灭菌工艺（F_0值≥8采用最终灭菌工艺，F_0值<8采用非最终灭菌工艺）。该类注射剂除一般理化性质外，无菌、热原、可见异物、pH等项目的检查均应符合规定。其生产过程包括原辅料和容器的前处理、称量、配制、过滤、灌封、灭菌（热处理）、质量检查、包装等步骤[8]。本项目重点介绍最终灭菌小容量注射剂的生产。

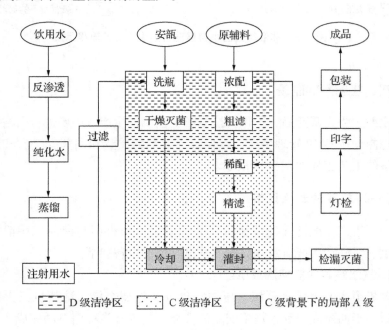

图3-2　最终灭菌小容量注射剂生产工艺流程示意

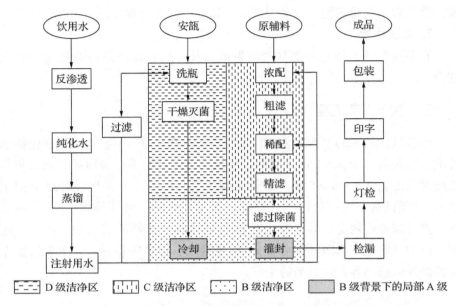

图 3-3 非最终灭菌小容量注射剂生产工艺流程示意

六、注射剂的制备

注射剂为无菌药品，不仅要按生产工艺流程生产，还要进行严格的生产环境控制和按 GMP 管理生产，以保证注射剂的质量和用药安全。液体安瓿剂制备的工艺流程如图 3-4 所示。

（一）安瓿的洗涤设备

药厂生产一般将安瓿洗涤机安装在安瓿干燥灭菌与灌封工序前，组成洗、烘、封联动生产流水线。安瓿洗涤常用的设备如下。

1. 气水喷泉式安瓿洗瓶机组

该机组主要由供水系统、压缩空气及其过滤系统、洗瓶机三大部分组成。适用于曲颈安瓿和大规格安瓿的洗涤，气水洗涤程序自动完成。

2. 超声波安瓿洗瓶机

（1）卧式安瓿超声波清洗机

结构主要由超声设备、安瓿传送设备和循环水冲洗设备等组成。清洗程序包括网带进瓶、超声清洗、循环水冲洗、压缩空气冲洗、新鲜水冲洗、压

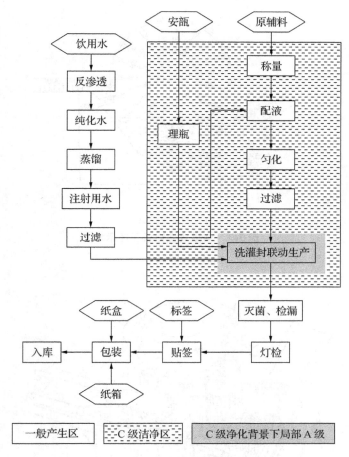

图3-4 液体安瓿剂制备的工艺流程

缩空气冲洗、出瓶[13]。图3-5为转鼓式洗瓶机原理示意。

（2）立式安瓿超声波洗瓶机

立式安瓿超声波清洗机的基本原理和清洗程序与卧式安瓿超声波清洗机完全相同。所不同的是立式安瓿超声波清洗机是立式转鼓结构，采用机械手夹瓶翻转和喷管做往复跟踪的方式，利用超声波清洗和水气交替喷射冲洗的原理，采用不同的针管输送不同的介质，对容器逐个进行清洗。图3-6为立式安瓿超声波洗瓶机原理示意。

3. 安瓿的干燥或灭菌

安瓿洗涤后，一般要在烘箱内用120～140℃温度干燥。盛装无菌操作

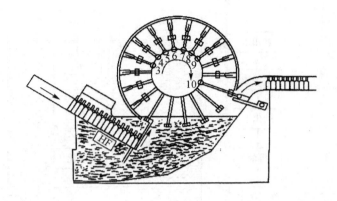

HF—高频超声波

图 3-5 转鼓式洗瓶机原理示意

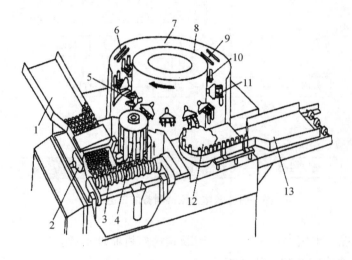

1—料槽；2—超声波换能头；3—送瓶螺杆；4—提升轮；5—瓶子翻转工位；
6，7，9—喷水工位；8，10，11—喷气工位；12—拨盘；13—滑道

图 3-6 立式安瓿超声波洗瓶机原理示意

或低温灭菌的安瓿则须用 180℃干热灭菌一个半小时。图 3-7 为红外隧道烘箱结构示意。

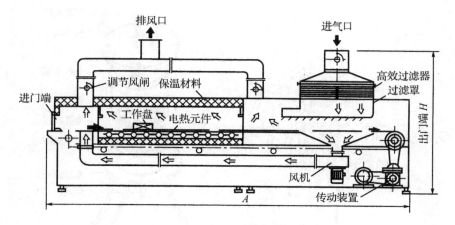

图 3-7 红外隧道烘箱结构示意

（二）配制

配制方法分为浓配法①和稀配法②两类。

（三）注射液的过滤

注射液的过滤靠介质的拦截作用，其过滤方式有表面过滤③和深层过滤④。

过滤装置主要有以下几种：①一般漏斗类；②垂熔玻璃滤器（图3-8）；③砂滤棒：国产的主要有两种，一种是硅藻土滤棒，另一种是多孔素瓷滤棒；④板框式压滤机（图3-9）；⑤微孔滤膜过滤器（图3-10）。

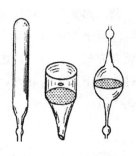

图 3-8 垂熔玻璃滤器

---

① 将全部药物加入部分溶剂中配成浓溶液，加热或冷藏后过滤，然后稀释至所需浓度，此谓浓配法，此法可滤除溶解度小的杂质。

② 将全部药物加入所需溶剂中，一次配成所需浓度，再行过滤，此谓稀配法，可用于优质原料。

③ 表面过滤是过滤介质的孔道小于滤浆中颗粒的大小，过滤时固体颗粒被截留在介质表面，如滤纸与微孔滤膜的过滤作用。

④ 深层过滤是介质的孔道大于滤浆中颗粒的大小，但当颗粒随液体流入介质孔道时，靠惯性碰撞、扩散沉积以及静电效应被沉积在孔道和孔壁上，使颗粒被截留在孔道内。

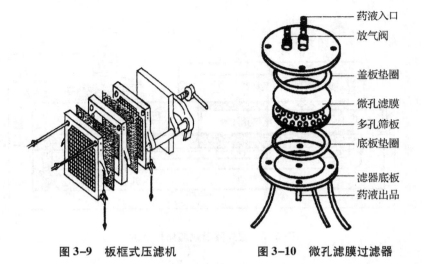

药液入口
放气阀
盖板垫圈
微孔滤膜
多孔筛板
底板垫圈
滤器底板
药液出品

图 3-9　板框式压滤机　　　　图 3-10　微孔滤膜过滤器

（四）注射液的灌封

滤液经检查合格后进行灌装和封口，即灌封。封口有拉封与顶封两种，拉封对药液的影响小。

灌封操作分为手工灌封和机械灌封。

药厂多采用全自动灌封机，安瓿自动灌封机因封口方式不同而异，但它们灌注药液均由下列动作协调进行：安瓿传送至轨道，灌注针头下降、药液灌装并充气，封口，再由轨道送出产品。灌液部分装有自动止灌装置，当灌注针头降下而无安瓿时，药液不再输出以避免污染机器与浪费（图 3-11 至图 3-14）。

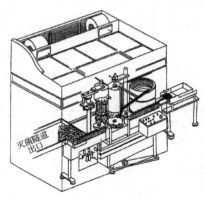

灭菌隧道出口

图 3-11　全自动灌封机外形

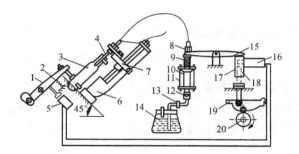

1—摆杆；2—拉簧；3—安瓿；4—针头；5—行程开关；6—针头托架座；7—针头托架；

8，12—单向玻璃阀；9—压簧；10—针筒芯；11—针筒；13—螺丝夹；14—贮液罐；

15—压杆；16—电磁阀；17—顶杆座；18—顶杆；19—扇形板；20—凸轮

图3-12　安瓿灌封机灌注部分结构与工作原理

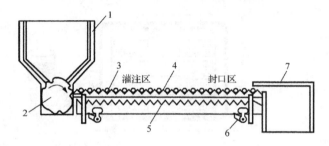

1—安瓿斗；2—梅花盘；3—安瓿；4—固定齿板；5—移瓶齿板；6—偏心轴；7—出瓶斗

图3-13　安瓿灌封机传送部分结构与工作原理

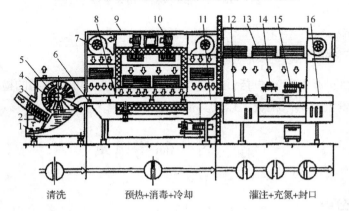

清洗　　预热+消毒+冷却　　灌注+充氮+封口

1—水加热器；2—超声波换能器；3—喷淋水；4—冲水、气喷嘴；5—转鼓；6—预热器；

7，10—风机；8—高温灭菌区；9—高效过滤器；11—冷却区；12—不等距螺杆分离；

13—洁净层流罩；14—充气灌药工位；15—拉丝封口工位；16—成品出口

图3-14　安瓿洗、烘、灌封联动机结构及工作原理

（五）注射液的灭菌与检漏

1. 灭菌

进行灭菌的目的在于保证产品的无菌。

注射液的灭菌要求如下[6]：第一杀灭微生物，从而确保用药安全性；第二避免药物的降解，避免药效受到影响。

2. 检漏

检漏一般采用灭菌和检漏两用的灭菌锅将灭菌、检漏结合进行（图3-15）。

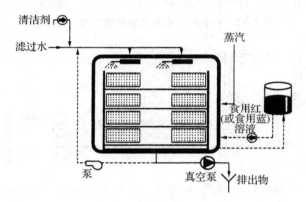

图3-15　灭菌-检漏两用灭菌器

（六）注射液的质量检查

注射液的质量检查包括：漏气检查、装量检查、可见异物的检查、无菌检查、内毒素或热原检查，以及其他检查。

第二节　制药用水

一、分类

制药用水因其水质和使用范围不同分为饮用水、纯化水、注射用水和灭菌注射用水。

二、纯化水

纯化水为饮用离子交换法、电渗析法、反渗透法或其他适宜的方法制备的制药用水，不含任何附加剂。

纯化水主要的工艺过程可描述为预处理＋脱盐＋后处理，其中一种典型的生产工艺流程见图 3-16[13]。

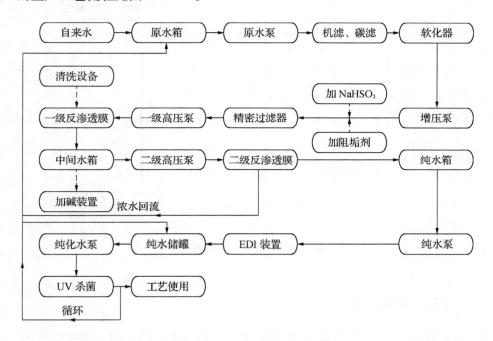

图 3-16 典型的纯化水工艺流程示意

（一）离子交换法

离子交换法是制备纯化水的基本方法之一，利用树脂除去水中的阴、阳离子，对细菌和热原也有一定的去除作用。

离子交换法的主要优点：①所得水化学纯度高；②设备简单；③节约燃料与冷却水，成本低。

离子交换法的缺点：①除热原效果不可靠；②离子交换树脂需经常再生，耗费酸碱；③定期更换破碎的树脂等。

（二）电渗析法

电渗析法较离子交换法经济，节约酸碱、效率较高，但制得的水纯度不高，比电阻较低。电渗析的基本原理是依据电场作用下离子定向迁移及交换膜的选择透过性而设计的。图 3-17 为电渗析工作原理示意。

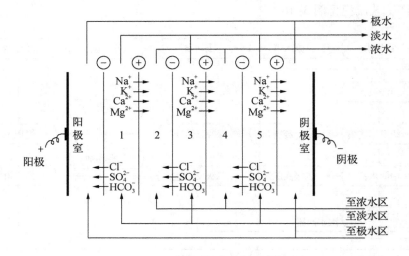

图 3-17　电渗析工作原理示意

（三）反渗透法

反渗透法是在 20 世纪 60 年代发展起来的技术，反渗透（reverse osmosis，RO）的基本原理如图 3-18 所示。

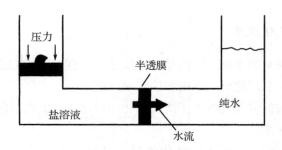

图 3-18　反渗透工作原理示意

三、注射用水

（一）注射用水的制备

注射用水制备采用蒸馏法。蒸馏法是一种优良的净水方法，它可除去水中微小物质、不挥发性物质和大部分可溶性无机盐类。

多效蒸馏水机（图3-19）是近年国内广泛采用的制备注射用水的重要设备。

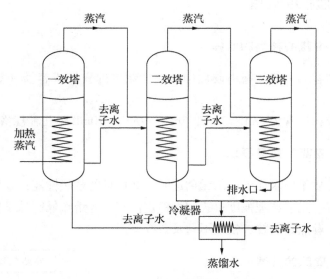

图3-19 多效蒸馏水机原理示意

（二）纯化水、注射用水的贮存与分配

贮存与分配设施包括贮罐、水泵、管道、阀门等。材料应具有如下特征[12]：①无毒副作用；②具有较强的耐腐蚀作用；③无浸出性。

选择合适容量的贮存与分配设施，既要满足生产、考虑发展，又要尽量有利于减少贮存与停留时间，方便清洁、消毒与灭菌。设施的环境应该有利于质量的保证。

贮存与分配等环节，要定期检查水质和进行水质的中间测试，保证用水的新鲜程度与质量。对设施要定期进行清洗和灭菌，并按规定进行微生物限度的检查；贮水前、空缸后要进行清洁卫生与灭菌检查；灭菌通常可以采用紫外线、化学消毒、热消毒等方法；遵守 GMP 规定的贮存温度等要求。

第三节　最终灭菌小容量注射剂

根据体积可将注射剂分为小容量注射剂和大容量注射剂，一般来讲装量在 50mL 以下的注射剂称为最终灭菌小容量注射剂（即水针剂）。

一、注射液的处理

（一）安瓿的种类和式样

注射剂容器一般是指由硬质中性玻璃制成的安瓿或容器（如青霉素小瓶等）。

安瓿容积通常为 1mL、2mL、5mL、10mL、20mL 等几种规格。

（二）安瓿的质量要求

安瓿的质量要求如下：①无色透明；②优良的耐热性能；③低的膨胀系数；④具有一定的物理强度；⑤化学稳定性好；⑥熔点低，易于熔封；⑦不得有气泡、麻点、砂粒、粗细不匀及条纹等。

（三）安瓿的洗涤

领取合格批次的安瓿，除去外包装，在排瓶室（一般生产区）整理好。通过传递窗进入洗涤工序（C 级洁净区）。

1. 洗涤方法

安瓿的洗涤方法有甩水洗涤法、加压气水喷射洗涤法和超声波洗涤法。

2. 洗涤设备

常见的洗涤设备如图 3-20 所示。

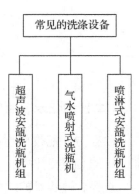

图 3-20　常见的洗涤设备

（四）安瓿的干燥与灭菌

安瓿洗涤后，一般置于 120～140℃烘箱内干燥。需无菌操作或低温灭菌的安瓿在 180℃ 干热灭菌 1.5h。

二、注射液的配制与过滤

（一）注射液的配置

投料量可按下式计算：

$$原料（附加剂）实际用量 = \frac{原料（附加剂）理论用量 \times 成品标示量百分数}{原料（附加剂）实际含量}$$

（二）注射液的滤过

滤过机理有两种[14]：

一种是过筛作用，即大于滤器孔隙的微粒全部截留在过滤介质的表面，如滤纸、微孔滤膜；

另一种是颗粒截留在滤器的深层，如砂滤棒、垂熔玻璃漏斗等滤器，所截留的颗粒往往小于介质空隙的平均大小。

（三）注射液的灌封

滤液经检查合格后应立即进行灌装和封口，以免污染。

安瓿封口要求严密不漏气，颈端圆整光滑，无尖头和小泡。国家规定封口方法必须采用旋转拉丝式封口。图 3-21 为安瓿自动灌封机示意。

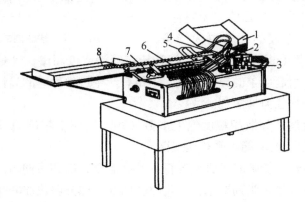

1—加瓶斗；2—进瓶转盘；3—推注器；4—灌注针头；5—止灌装备；

6—火焰熔封针头；7—传动齿板；8—出瓶斗；9—燃气管道

图 3-21 安瓿自动灌封机示意

（四）小容量注射剂的灭菌和检漏

注射剂从配液到灭菌要求在 12h 内完成，所以灌封后应立即灭菌。灭菌方法有多种，主要根据药液中原辅料的性质，来选择不同的灭菌方法和时间[15]。

检漏可用灭菌检漏两用的灭菌器，一般于灭菌后进水管放进冷水淋洗安瓿使温度降低，然后关紧锅门，抽气至真空度达 85.3 ~ 90.6kPa，再放入有色溶液及空气，由于漏气安瓿中的空气被抽出，当空气放入时，有色溶液即借大气压力压入漏气安瓿内而被检出[12]。

第四节　最终灭菌大容量注射剂（输液剂）

一、输液剂的分类与质量要求

（一）输液剂的分类

输液剂的分类如图 3-22 所示。

（二）输液剂的质量要求

输液剂注射量较大，除符合注射剂的一般要求外，对无菌、无热原及可见性异物等方面的要求更为严格，

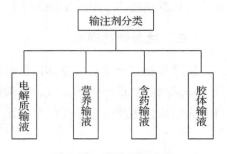

图 3-22　输液剂的分类

pH 尽量与血浆（pH 7.4）接近，渗透压应等渗或偏高渗，含量、色泽也应合乎要求，不引起血象的异常变化，不得有产生过敏反应的异性蛋白及降压物质，不得添加任何抑菌剂。

乳状输液剂其分散相粒度绝大多数（80%）应不超过 1μm，不得有大于 5μm 的球粒，成品能耐受热压灭菌。

羧甲淀粉输液能暂时扩张血容量，升高血压，以利后期治疗，但不可在体内滞留。血容量扩张剂要求在一定时间内被集体分解代谢并排出体外，若不能代谢分解或在体内滞留过长时间，将产生不良后果[12]。

二、输液剂的制备

输液剂的生产工艺流程见图3-23。

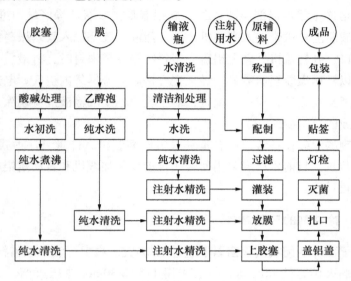

图3-23 输液剂的生产工艺流程

（一）输液剂的配制

药物原料及辅料必须为优质注射用原料，符合药典质量标准；配液溶剂必须用新鲜注射用水，并严格控制热原、pH和铵盐。输液剂配制时，通常加入0.01%~0.5%的针用活性炭，以吸附热原、杂质和色素，并可作助滤剂。配制用具多用带夹层的不锈钢配液罐。

药液配制方法多用浓配法，即先将原料药物加入部分溶剂中，配成较高浓度的溶液，经加热滤过处理后再稀释至所需浓度，此法有利于除去杂质。若原料质量好，也可采用稀配法。配制完成后，要进行半成品质量检查。

（二）输液剂的滤过

输液剂的滤过方法、滤过装置与小容量注射剂基本相同这里就不再赘述。

（三）　输液剂的灌封

输液剂的灌封分为灌注药液、塞胶塞、轧铝盖 3 步，灌注药液和塞胶塞需在 B 级洁净室采用局部层流 A 级，轧铝盖则在 C 级洁净区域内进行即可。洗净的输液瓶随输送带进入灌装机，灌入药液，胶塞加入胶塞振荡器，随轨道落在瓶口，到轧盖机处轧上铝盖。塑料制输液袋灌封时，将最后一次洗涤水倒空，以常压灌装至所需量，经检查合格后，排尽袋内空气，电热熔合封口即可。灌封完成后，应进行检查，对于轧口不严的输液剂应剔除，以免灭菌时冒塞或贮存时变质。

输液剂的灌装设备常用的有量杯式负压灌装机、计量泵注射式灌装机、恒压式灌装机。目前生产多采用回转式自动灌装加塞机和自动落铝盖机等完成整个灌封过程。

（四）　输液剂的灭菌条件

及时灭菌，从配液到灭菌以不超过 4h 为宜。根据药液中原辅料的性质，选择适宜的灭菌方法和时间，一般采用 115℃/30min 热压灭菌。灭菌完成后，放出柜内蒸汽，当柜内压力与大气相等后，才可缓慢打开灭菌柜门，否则易造成严重人身安全事故。塑料袋装的输液剂用 109℃/45min 灭菌，因灭菌温度较低，生产过程更应注意防止污染[16]。

输液灭菌的常用设备有热压灭菌柜和水浴式灭菌柜。热压灭菌柜同水针剂灭菌所用设备。水浴式灭菌柜是利用循环的热去离子水通过水浴式来达到灭菌目的。其特点是采用密闭的循环去离子水灭菌，温度均匀、可靠、无死角，在输液剂生产中广泛使用[17]。

（五）　输液剂的质量检查

1. 澄明度与微粒检查

检查方法：①将药物溶液用微孔滤膜过滤，然后在显微镜下测定微粒的大小和数目；②采用库尔特计数器。

2. 热原及无菌检查

按《中国药典》规定的方法进行检查并符合规定。

3. pH 及含量测定

根据具体品种要求进行测定。

第五节 注射用无菌粉末

一、概述

注射用无菌粉末①生产工艺流程及洁净区域划分见图 3-24[14]。

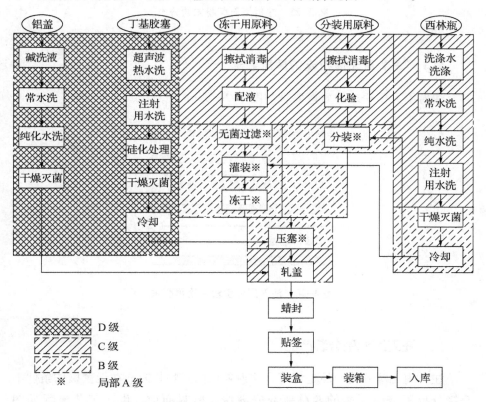

图3-24 注射用无菌粉末生产工艺流程及洁净区域划分

（一）注射用无菌粉末的分类

依据生产工艺不同分类如图 3-25 所示[6]。

---

① 注射用无菌粉末又称粉针，临用前用灭菌注射用水溶解后注射，是一种较常用的注射剂型。

图 3-25　注射用无菌粉末的分类

（二）注射用无菌粉末的质量要求

注射用无菌粉末的质量要求如图 3-26 所示[18]。

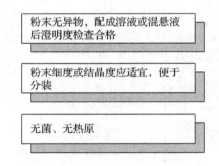

图 3-26　注射用无菌粉末质量要求

二、注射用无菌分装产品

注射用无菌分装产品是将符合注射要求的药物粉末，在无菌操作条件下直接分装于洁净灭菌的西林瓶或安瓿中，密封而成，生产工艺流程如图 3-27 所示。在制定合理的生产工艺之前，首先应对药物的理化性质进行了解，主要测定内容为[12]：①物料的热稳定性，以确定产品最后能否进行灭菌处理；②物料的临界相对湿度。生产中分装室的相对湿度必须控制在临界相对湿度以下，以免吸潮变质；③物料的粉末晶型与松密度等，使之适于分装。

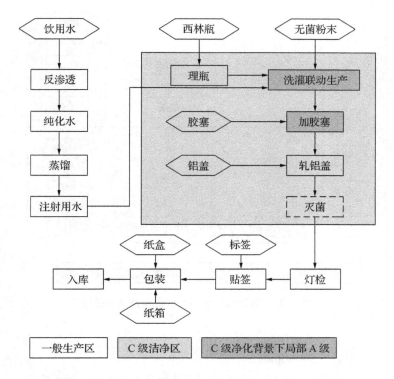

图 3-27 注射用无菌分装粉末制品的生产工艺流程

三、注射用冷冻干燥制品

（一）流程

制备注射用冷冻干燥制品前药液的配制基本与水性注射剂相同，其冻干粉末的制备工艺流程如图 3-28 和图 3-29 所示[8]。

（二）制备工艺

由冷冻干燥原理可知，冻干粉末的制备工艺可以分为预冻、减压、升华、干燥等几个过程。此外，药液在冻干前需经过滤、灌装等处理过程。

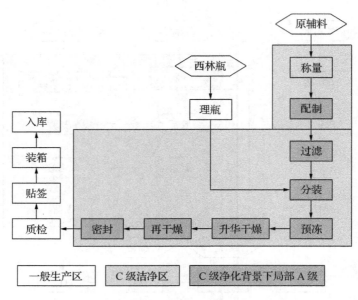

图 3-28　注射用冷冻干燥制品生产工艺流程

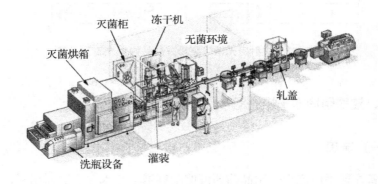

图 3-29　注射用冷冻干燥制品生产布局

第四章　固体制剂技术

在药物制剂中，固体剂型所占的比例达到 70% 左右，一般包括散剂、颗粒剂、片剂、胶囊剂等。与其他制剂相比，固体制剂的物理、化学稳定性更好，不易与其他物质发生反应，可以较长时间暴露在空气中不变质[19]。其主要制备流程如图 4-1 所示。

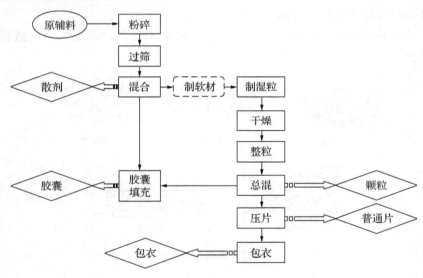

图 4-1　固体剂型的制备工艺流程

制备各种固体剂型时，均需对药物进行粉碎、过筛处理。对处理过的药物展开不同的后续步骤即可制得不同的固体剂型。

第一节　粉碎、筛分和混合操作

一、粉碎

粉碎是借助机械力克服固体物料分子间内聚力，将其破碎成较适当的颗粒的过程。进行粉碎处理后的药物颗粒，还须经过筛分，才能使得到的颗粒更加均匀。

进行粉碎处理具有如下目的：①使药物具有较大的表面积，使其更易吸收，最终其生物利用度得到增强；②粒度较适宜更利于均匀混合和服用；③加速药材中有效成分的浸出或溶出；④有利于制备多种剂型，如散剂、片剂、胶囊剂等[8]。

（一）粉碎的原理

粉碎处理是依靠所施加的各种外力来克服固体分子相互间的内聚力，物料在受力过程中，其局部即存在较大的应力，当该力大于分子间内聚力时，固体物料将出现缝隙，直到完全粉碎。

此过程常用的外力如图 4-2 所示。一般会综合各种不同的力来进行粉碎处理。

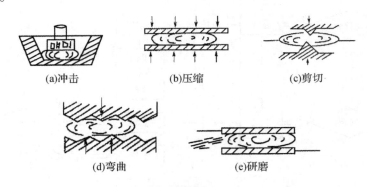

(a)冲击   (b)压缩   (c)剪切

(d)弯曲   (e)研磨

图 4-2　粉碎用外加力

（二）粉碎的方法

1. 自由粉碎与闭塞粉碎

无论粉碎机的形式如何，如果进行粉碎时，可以同时把处理过的颗粒排出，此种粉碎即称为自由粉碎。

若进行粉碎时，并不能及时排出处理过的颗粒，此种粉碎称为闭塞粉碎，如图 4-3（a）所示。

当使用闭塞粉碎时，不能及时排出已经处理过的颗粒，从而导致其成为粉碎过程的缓冲物（或"软垫"），而且，也会产生处理过度的粉碎物，所以，采用此种方法需要消耗较多的能量，一般来说，只有对少量物料进行间

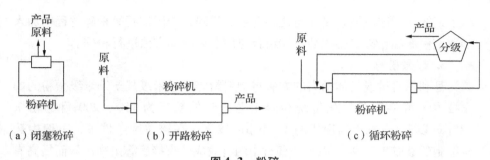

图4-3　粉碎

歇粉碎操作时才使用此方法。与此法不同的是，自由粉碎具有较高的工作效率，适合应用在连续粉碎操作中。

2. 循环粉碎与开路粉碎

在向粉碎机中连续投放物料的过程中，同时取出已处理过的物料，此种方法即为开路粉碎（图4-3（b）），即物料只通过一次粉碎机完成粉碎的操作。

物料在粉碎机中经过初步粉碎后，又通过分级设备再次回到粉碎机中，进行重复粉碎的方法即为循环粉碎，如图4-3（c）所示。

开路粉碎方法操作简单，设备便宜，但要想制得符合要求的颗粒需要消耗较大的能量，而且得到的产品粒度具有较宽的分布，适合于粗碎或对粒度要求不高的粉碎。循环粉碎消耗的能量相对低，粒度分布窄，适合于粒度要求比较高的粉碎。返料量与给料量之比称为循环负荷系数。循环负荷系数大，说明粉碎后的产品合格率低，需要较高的成本。

3. 干法粉碎与湿法粉碎

①干法粉碎：将物料经适当干燥，使物料中的水分低于5%的情况下进行粉碎的方法。此法较为常用。

②湿法粉碎：是在粉碎过程中，加入适量水或其他液体来同时研磨的方法。采用此方法，能够使固体分子间的引力得到减弱，便于进行粉碎处理；同时，还能够防止具有毒性的药物粉末飘散到空气中。

4. 低温粉碎

将物料或粉碎机进行冷却处理后进行粉碎的方法为低温粉碎。

常采用以下几种方法进行低温粉碎：①物料先冷却，迅速通过高速撞击式粉碎机粉碎，物料在粉罩机内停留时间短；②粉碎机外壳通入循环低温冷却水；③将干冰或液态氮气与物料混合后粉碎，如固体石蜡粉碎过程中加入干冰，使低温粉碎取得成功；④组合应用上述冷却方法进行粉碎。

5. 超微粉碎

是利用机械或流体动力的方法将物料粉碎成微米级甚至纳米级微粉的操作技术。可将原药材从传统粉碎工艺得到的粒径为 150～200 目的粉末（75μm 以上），减小到现代的 5～10μm 以下。在该粒度条件下，一般中药材细胞的破壁率达 90% 以上，药材中的有效成分直接暴露出来，从而提高有效成分的溶出速率，提高药物的吸收和疗效。近年来，超微粉碎主要应用于一些贵重药材的粉碎，如冬虫夏草、人参、羚羊角、三七、灵芝孢子粉等[14]。

（三）粉碎器械

1. 研钵

一般用瓷、玻璃、玛瑙、铁或铜制成，但以瓷研钵和玻璃研钵最为常用，主要用于小剂量药物的粉碎和实验室小剂量制备。

乳钵是以研磨作用为主的粉碎器械，常用于粉碎少量药物。乳钵的材质有瓷、玻璃、金属和玛瑙等，其中以瓷制和玻璃制最常用。瓷制乳钵内壁较粗糙，适用于结晶性及脆性药物的研磨，但吸附作用大。对于毒性药或贵重药物常采用玻璃或玛瑙乳钵。

用乳钵进行粉碎时，加入药量一般不超过乳钵容积的 1/4，以防止研磨时溅出或影响粉碎效能。研磨时，杵棒由乳钵中心按螺旋方式逐渐向外，再向内研磨，反复至符合要求。

2. 锤击式粉碎机

一般属于中碎和细碎设备。由钢制壳体、钢锤、内齿形衬板、筛板等组成，利用高速旋转的钢锤对物料的冲击力作用，使物料受到撞击、锤击、摩擦等而被粉碎，见图 4-4。

该机的优点有能耗小，粉碎度较大，设备结构紧凑，操作比较安全，生产能力较大。缺点是锤头磨损较快，筛板易于堵塞，过度粉碎的粉尘较多。

产品的粒径与旋转速度及筛板孔径有关。锤击式粉碎机常用转速：小型者为 1000～2500r/min，大型者为 500～800r/min。粉碎机底部的筛子由金属板开孔而成。

锤击式粉碎机用于纤维性药材粉碎时，多选用圆孔形筛子。另外，此种粉碎机适用于粉碎大多数干燥物料，不适合于高硬度物料和黏性物料。

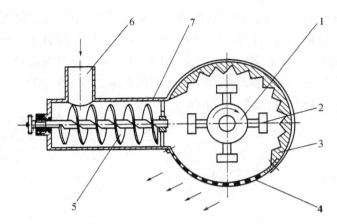

1—圆盘；2—钢锤；3—内齿形衬板；4—筛板；5—螺旋加料器；6—加料口；7—壳体

图4-4 锤击式粉碎机结构示意

3. 球磨机

如图4-5所示，球磨机的主要部分为一个由壳体和研磨体组成的圆形球罐。壳体多为不锈钢或陶瓷罐，横卧在动力部分上，由电动机通过减速器带动旋转。研磨体多为锰钢球、陶瓷球，装入壳体内。球磨机中物料与球的运动状态示意图见图4-6，每次发生转动时，依靠圆球的撞击作用和圆球与罐壁间、圆球与圆球间的研磨作用对物料进行粉碎处理。

图4-5 球磨机

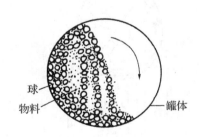

球
物料
罐体

**图4-6 球磨机中物料与
球的运动状态**

球磨机在不同转速下圆球具有不同的运转情况，如图4-7所示，若转速太慢，圆球达不到某高度就掉落下来，从而使粉碎作用下降；若转速太快，由于离心力的存在，圆球会沿罐壁运动而不会掉落，从而不能达到粉碎的目的。一般采用临界转速的75%。圆球大小、重量要合适，一般圆球直径不小于65mm，大于物料4~9倍，球要有足够的重量与硬度。圆球数量也有一定的要求，装填圆球的总体积一般占球罐全容积的30%~35%。物料量一般以<1/2球罐总容量为标准。

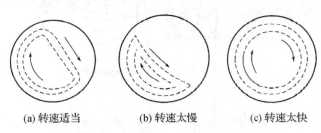

(a) 转速适当　　　　(b) 转速太慢　　　　(c) 转速太快

图4-7　球磨机在不同转速下圆球运转情况

4. 万能粉碎机

万能粉碎机适用于粉碎植物性、动物性及硬度不太大的矿物类药物，不宜粉碎比较坚硬的矿物药和含油多的药材。

典型的粉碎结构有锤击式（图4-8）和冲击式（图4-9）。

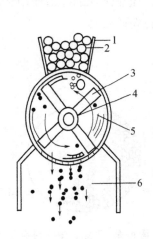

1—料斗；2—原料；3—固定盘；4—旋转盘；5—未过筛颗粒；6—过筛颗粒

图4-8　锤击式万能粉碎机

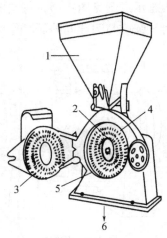

1—料斗；2—转盘；3—固定盘；4—冲击柱；5—筛盘；6—出料

图4-9　冲击式万能粉碎机

5. 流能磨（气流粉碎机）

气流粉碎机的工作原理是将经过净化和干燥的压缩空气通过一定形状的特制喷嘴，形成高速气流，以其巨大的动能带动物料在密闭粉碎腔中互相碰撞而产生剧烈的粉碎作用。物料被压缩空气（或惰性气体）引射进入流能磨的下部，压缩空气通过喷嘴进入粉碎室，物料被高速气流带动在粉碎室内上升的过程中相互撞击或与器壁碰撞而粉碎。流能磨示意如图 4-10 所示[12]。

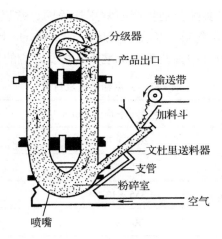

图 4-10　流能磨示意

轮型流能磨的粉碎动力来自于高压空气，高压空气从喷嘴喷出时产生焦耳-汤姆逊效应（气体经过绝热节流过程后温度发生变化的现象）使温度下降，在粉碎过程中温度几乎不升高，因此对抗生素、酶等热敏性物料和低熔点物料粉碎选择流能磨比较适宜。又因为设备简单，易于对机器及压缩空气进行无菌处理，所以无菌粉末的粉碎也适宜用流能磨。

二、筛分

筛分是粉碎后的药物通过一种网孔工具，将粒度不同的物料混合物分离的操作。通过筛分可以除去不符合要求的粗粉或细粉，有利于提高产品的质量。筛分的目的就是使粗粉与细粉分离（或分等），以获得较均匀的粒子，可以满足药物制剂和医疗的需要，并起到混合的作用。

（一）药筛种类和规格

药典规定，药筛选用国家标准的 R40/3 系列标准筛。根据药筛的规格不同：分为标准药筛和工业药筛。

①标准药筛是根据药典的标准制作的筛网，以筛孔内径大小，规定了 9 种筛号，从一号筛至九号筛。筛号按《中国药典》所编，一号筛筛孔内径最大，而九号筛筛孔内径最小。

②工业用筛是在实际药剂生产中常用的筛网，常以"目"表示筛网孔径的大小。"目"表示每英寸长度（1 英寸 = 2.54cm）上的筛孔数。

如表 4-1 所示为《中国药典》标准筛规格及对应的目数。

表 4-1　标准筛规格及目数

筛号	筛孔内径（平均值）/μm	目数/目
一号筛	2000 ± 70	10
二号筛	850 ± 29	24
三号筛	355 ± 13	50
四号筛	250 ± 9.9	65
五号筛	180 ± 7.6	80
六号筛	150 ± 6.6	100
七号筛	125 ± 5.8	120
八号筛	90 ± 4.6	150
九号筛	75 ± 4.1	200

（二）筛分器械

1. 摇动筛

摇动筛由摇动装置和药筛两部分组成。摇动装置由摇杆、连杆和偏心轮构成；药筛系编织筛网，固定在圆形或长方形的金属圈或竹圈上。其原理是利用偏心轮及连杆使药筛发生往复运动筛选药物粉末。按照筛号大小依次叠成套（亦称套筛）。最粗号在顶上，其上面加盖，最细号在底下，套在接收器上，如图4-11所示。应用于小量生产毒性、刺激性或质轻的药粉[2]。

2. 振动筛

振动筛是借助机械或电磁作用使筛或筛网产生振动，使物料得到分离的设备，可以分成机械振动筛和电磁振动筛。适用于无黏性的植物药，毒性刺激性、易风化潮解药物。图4-12为振动筛的结构示意图。

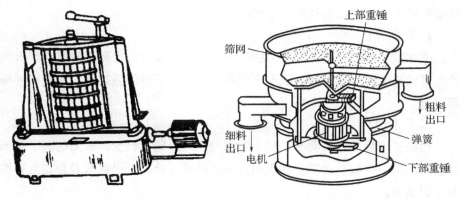

图4-11　摇动筛结构示意　　　　　图4-12　振动筛结构示意

（三）筛分操作的注意事项

影响筛分效率的因素很多，为提高筛分效率，应注意以下几点：

①加强振动，药粉在静止情况下易形成粉块而不易通过筛孔。

②粉末应干燥，物料的湿度越大，粉末越易黏结成团而堵塞筛孔，故应提前对水分含量较多的物料进行干燥处理；应在干燥环境下对易吸湿的物料进行筛分处理。应把黏性、油性较强的药粉掺入其他药粉一同过筛。

③控制料量，物料层在筛网上堆积过厚，振动强度相对减小，影响过筛效率。

④防止粉尘飞扬，特别是筛选毒性或刺激性较强的药粉时，更应注意防止粉尘飞扬，筛分设备的结构要合理，工作场所应通风良好。

三、混合

混合是指用机械的方法把两种及以上的组分（固体粒子）相互交叉分散均匀的过程或操作。其目的是为了使药物各组分在制剂中均匀一致，保证各组分的剂量准确、用药安全。混合是生产固体制剂的一个基本单元操作。

（一）混合机理

1954 年，Lacey 提出固体粒子的三种混合机理。

1. 对流混合

指固体粒子在机械转动的作用下，在设备内形成固体循环流的过程中，粒子群产生较大的位置移动所达到的总体混合。

2. 切变混合

指在粒子群间存在的内部力的作用下，使各种组成之间出现剪切混合而产生滑动平面，促使不同区域厚度减薄而破坏粒子群的凝聚状态所进行的局部混合。

3. 扩散混合

指颗粒进行无序运动时，粒子的相对位置得到了改变，从而达到了局部混合的作用。扩散混合发生在不同剪切层的界面处，所以扩散混合是由剪切混合引起的。

（二）混合方法

实验室常用搅拌混合、研磨混合、过筛混合。搅拌混合一般作初步混合；研磨混合可用于小量混合；过筛混合一般与搅拌混合合用效果更好。

1. 搅拌混合

制备过程中使用少量药物时，通过反复搅拌使其混合。药物大量生产时常采用槽型搅拌混合机，经过一定时间的混合，可使之均匀。

2. 混合筒混合

混合筒有 V 型、双锥型、圆筒型、三维运动型，适合于密度相近的组分的混合。

3. 过筛混合

系将各粉料先搅拌做初步混合，再一次或几次通过适宜的药筛使之混匀的操作。采用此法混合质地差异大的组分时，同时还应采用其他方法，才能混合均匀。

4. 研磨混合

系将各药粉置乳钵中共同研磨的混合操作。需要注意的是，此法不能用于吸湿性、氧化还原性和爆炸性药粉。

（三）混合设备

1. 混合筒

其原理是借助容器本身的旋转从而使内部物料上下运动而混合均匀的设备，其形状多样，常用 V 形混合筒。一般用于密度相近的粉末。对流混合为主，为混合效果最好的混合筒。

2. 槽形混合机

在搅拌桨的作用下，物料会先向中心聚集，再向两边分散，重复进行此过程达到混匀的效果。以切变混合为主。

3. 锥形垂直螺旋混合机

固体粒子在推进器的自转（60r/min）作用下由底部上升，又在公转（2r/min）的作用下在全容器内产生漩涡和上下的循环运动，在 2～8min 可达到最大混合度。

（四）混合操作的注意事项

混合均匀性与各成分的比例量、堆密度、粒度、形状和混合时间等均有关。

1. 各组分的比例量

各组分的比例量相差过大时，难以混合均匀，此时应采用等量递加法进行混合。即先取处方中量小的组分，加入等量的量大的组分混匀后，再取与此混合物等量的量大的组分混匀，如此倍量增加，直至全部混匀、色泽一致，过筛混合即成。习惯上又称配研法。这种方法尤其适用于含有毒剧药品、贵重药品等物料的混合。

当色泽相差较大时，可以色浅者饱和乳钵，再将色深者置乳钵中，加等量的色浅者研匀，直至全部混合均匀，即所谓的打底套色法。

2. 各组分药物的密度

混合时，应把低密度的物料放于容器底部，然后再放入高密度的物料。这样能够防止由于较轻的物料上浮，较重的物料下沉造成的混合不均。

3. 含低共熔混合物的组分

当两种及以上的药物按一定的比例量研磨混合后，产生熔点降低而出现润湿和液化的现象称为共熔现象（简称共熔）。常见产生共熔的药物有樟脑与苯酚、麝香草酚、薄荷脑，阿司匹林与对乙酰氨基酚和咖啡因等。含共熔组分的制剂是否需混合使其共熔，应根据共熔后对药理作用的影响及处方中所含其他固体成分数量的多少而定。

4. 颗粒的大小、形状和混合时间

颗粒的粒度较均匀时易混匀；颗粒近球形时易混匀；混合时间要适宜，可通过验证确定合适的混合时间。

5. 其他

含液体成分时，可采取用处方中其他固体成分吸收；若液体量较大时，可另加赋形剂吸收；若液体为无效成分且量过大时，可采取先蒸发后加赋形剂吸收的方法。

第二节　散剂

一、概述

散剂（powders）指的是药物和适宜的辅料经粉碎、均匀混合制成的干燥粉末状制剂，又称为"粉剂"。可供内服或外用。

（一）散剂的特点[12]

①散剂的比表面积大，容易分散，内服散剂药物溶出速度快，奏效迅速。外用散剂有保护和收敛等作用。

②便于储存、运输和携带。

③散剂分散度大，药物的嗅味、刺激性、吸湿性、挥散性及化学活性也相应增大。故一些刺激性强、具挥发性或易吸潮变质的药物不宜直接制成散剂。

④剂量大的散剂，不如胶囊剂、片剂等便于服用。

作为药物的常用剂型，散剂还是制备其他药物剂型如胶囊剂、颗粒剂、片剂的基础。

（二）散剂的分类

一般按照如下方法对其分类：①按组成药味的数量可分为单散剂（由一种药物组成）和复方散剂（由两种或两种以上药物组成）；②按用途可分为内服散、溶液散、外用散、吹散、眼用散等；③按（剂量情况）使用剂量可分为分剂量散剂（以单剂量形式进行包装的散剂）和不分剂量散剂（以多个剂量形式进行包装的散剂）[20]。

二、制备

散剂的制备工艺流程如图 4-13 所示。

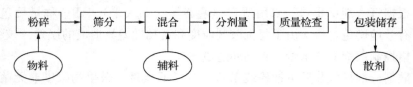

图 4-13 散剂的制备工艺流程

用于深部组织创伤及溃疡表面的外用散剂，应在清洁避菌的条件下制备。根据《中国药典》2015 年版规定，供制散剂的成分均应粉碎成细粉。

1. 粉碎与筛分

制备散剂用的原、辅料，除非已经达到了规定的要求，否则均需粉碎。进行此步骤是为了保证物料混合均匀，使药物的比表面积增大，促进药物的溶解吸收，以及减少外用时由于颗粒大带来的刺激性等[14]。

药物粉碎后，还需进行过筛分级，分离出符合规定细度的粉末才可以使用。《中国药典》规定，一般散剂应通过 6 号筛，儿科及外用散剂需通过 7 号筛，眼用散剂应通过 9 号筛。

2. 混合

进行混合处理是为了保证散剂中不同的组分可以分散均匀，具有相同的色泽，从而可以严格控制剂量，使药物更加安全有效。

3. 分剂量

指的是把散剂混合均匀后，按照要求将其分为每份均相等的产品。一般采用以下几种方法进行分配。

（1）目测法

将一定重量的散剂，根据目力分成所需的若干等份。此法简便，适合于药房小量调配，但误差大（20%），对含有细料或毒药的散剂不宜使用，亦不适用于大量生产。

（2）容量法

根据每一剂量要求，采用适宜体积量具逐一分装。采用容量法时，散剂的粒度和流动性是分剂量是否准确的关键因素。此法效率较高，可以实现连续操作，常用于大生产，但分剂量的准确性不如重量法，在操作过程中，要注意保持操作条件的一致性，并按规定时间抽检、记录装量变化情况，以减小装量差异[2]。

（3）重量法

根据每一剂量要求，采用适宜称量器具（如天平），逐一称量后包装。它可有效地避免容量法由于每批散剂粒度和流动性差异造成的误差，该法必须严格控制散剂的含水量，否则亦造成误差。

散剂分剂量包装后再抽检装量差异或最低装量、微生物限度或无菌等，出检验报告书，判断能否上市销售。

4. 包装与贮存

（1）散剂的包装

应按照其吸湿性的不同选用不同的包装材料，可以根据下述方法选择。

包装纸适用于性质较稳定的中西药散剂，蜡纸具有防潮、防止气味渗透的特性，多用作防潮纸；适用于包装易引湿、风化及二氧化碳作用下易变质的散剂，不适用于包装含冰片、樟脑、薄荷脑等挥发性成分的散剂；玻璃纸具有质地紧密、无色透明的特性，适用于含挥发性成分及油脂类的散剂，不适用于包装易引湿、风化及二氧化碳作用下易变质的散剂。

塑料袋的透气、透湿问题没有完全解决，而且低温和长时间存放易老化，只适宜包装性质稳定的中西药散剂。

铝塑袋一般由塑料薄膜涂以铝层而制成，具有密封性好、美观、方便、性质稳定，并避光等特点，已较广泛地用于各种散剂的包装，是散剂包装材料的主要发展趋势。

玻璃容器密封性好，性质稳定，适用于包装各种散剂。特别适用于芳香、挥发性散剂及引湿性散剂，细料及毒、贵重药散剂，但易破碎、携带不便，成本较高。

包装方法：散剂可单剂量包装，也可多剂量包（分）装，多剂量包装者应附分剂量用具。

药品在运输过程中，不可避免的振动会导致密度不同的组分分层，包装时瓶装散剂应装满，袋装散剂封口应牢固。

（2）散剂的贮存

应置于避光的环境下进行密闭贮存，含有挥发性或吸湿性成分时，应进行密封处理。还应控制在合适的温度和湿度[21]。

5. 散剂的质量检查

散剂的质量检查项目主要有药物含量、外观均匀度、粒度、干燥失重和装量差异等。

三、实例分析

（一） 一般散剂

一般散剂的制备按照一般散剂制备工艺流程，不需要特殊处理，如口服补液盐散的制备。

例 4.1 口服补液盐散

【处方】

氯化钠 1750g 氯化钾 750g 碳酸氢钠 1250g 葡萄糖 11000g

【制法】

①取葡萄糖、氯化钠分别粉碎成细粉，过六号筛，取筛下部分，称取处方量，混合均匀，分装于大袋中；②将氯化钾、碳酸氢钠分别粉碎成细粉，过六号筛，取筛下部分，称取处方量，混合均匀，分装于小袋中；③将大、小袋同装一包，共制 1000 包。

【分析】

①制备时，先分别粉碎、过筛，再按处方量称量，确保各组分用量的准确；②本品分开包装是因氯化钠、葡萄糖易吸湿，若混合包装，易造成溶解后碱性增大；③必须加入规定量的凉开水（不得为沸水），溶解成溶液后服用；④心力衰竭，高钾血症，急、慢性肾衰竭少尿患者禁用；⑤本品易吸潮，应密封保存于干燥处。

（二） 含特殊药物的散剂

毒性药品、麻醉药品、精神药品等特殊药品，一般用药剂量小，称取、使用不方便，易损耗。因此，常在特殊药品中添加一定比例量的稀释剂制成稀释散，又称为倍散或贮备散，以便配方时减小称重误差。常用的有五倍散、十倍散、百倍散和千倍散等。十倍散即 1 ∶ 10 的倍散，是由 1 份药物加 9 份稀释剂均匀混合制成的。

倍散的比例可按药物剂量而定，如剂量在 0.01 ~ 0.1g 可配成 1 ∶ 10 倍散；如剂量在0.01g以下者，则可配成1:100倍散或1:1000倍散。倍散配制时，应采用等量递加法稀释，为了保证倍散的均匀性，有时可加着色剂着色。十倍散着色应深一些，百倍散稍浅些，这样可以根据倍散颜色的深浅判别主药的浓度。

常用的着色剂有胭脂红、品红、亚甲蓝等，使用浓度一般为0.005%~0.01%。

常用的稀释剂有乳糖、淀粉、糊精、蔗糖、葡萄糖及一些无机物如沉降碳酸钙、沉降磷酸钙、碳酸镁、白陶土等，其中以乳糖较为适宜。倍散的赋形剂应无显著的药理作用，且其本身性质较稳定，不影响主药的含量测定。

例4.2　硫酸阿托品百倍散

【处方】

硫酸阿托品1.0g　胭脂红乳糖（1%）0.5g　乳糖98.5g

【制法】

①1%胭脂红乳糖的制备（共制备50g备用）：取胭脂红0.5g于乳钵中，加90%乙醇10~20mL，搅拌，再加入少量乳糖研磨均匀，至乳糖全部加入混匀，并于50~60℃干燥后，过6号筛即得；②取少量乳糖研磨使乳钵内壁饱和后倾出；③将硫酸阿托品与胭脂红乳糖置乳钵中研和均匀；④按等量递加法（配研法）逐渐加入所需量的乳糖，充分研和，至全部色泽均匀，过6号筛即得。

【分析】

①制成倍散后使用，加胭脂红乳糖利于检查其均匀性；②制备时先饱和乳钵内壁，减少硫酸阿托品被吸附损耗。

（三）含共熔成分的散剂

共熔现象在研磨混合时通常出现较快，在其他方式混合时则需一定的时间；含有共熔组分的制剂应根据共熔后对药理作用的影响及处方中含有的其他固体组分的量来确定是否需使其先发生共熔。若药物共熔后其药理作用较单独混合有利，则宜采用共熔法；若共熔后影响溶解和疗效，则禁用共熔法；若药物共熔后其药理作用几乎无变化，但处方中固体组分较多时，可先将共熔组分进行共熔处理，再用其他组分吸收混合，使其分散均匀；处方中如含有挥发油或足以溶解共熔组分的液体时，可先将共熔组分溶解，再借助喷雾法或一般混合法与其他固体组分混合均匀。

例 4.3　痱子粉

【处方】

薄荷脑 6.0g　樟脑 6.0g　麝香草酚 6.0g　薄荷油 6.0mL　水杨酸 11.4g

硼酸 85.0g　升华硫 40.0g　　　　　氧化锌 60.0g　淀粉 100.0g

滑石粉加至 1000.0g

【制法】

①液体组分混合：取薄荷脑、樟脑、麝香草酚研磨至全部液化，并与薄荷油混合；②固体组分混合：将升华硫、水杨酸、硼酸、氧化锌、淀粉、滑石粉研磨混匀，过七号筛（120 目）；③固液混合：将共熔混合物与混合的细粉研磨混匀或将共熔物喷入细粉中，过七号筛，即得。

【分析】

①薄荷脑、樟脑、麝香草酚为低共熔成分，先使之共熔液化，与液体成分薄荷油混合，用其他粉料吸收；②混合处方中的固体组分，采用等量递加法。

（四）中药散剂

中药散剂的组成较复杂，多数为复方散剂，配制方法与散剂的一般制法基本相同。需要注意的是，处方中如含有细料药或挥发性药物如牛黄、麝香等，将其单独粉碎以减少损耗；如含有色泽不一的药物混合时，可采用"打底套色法"，即一般应先加入色泽深的药物，后加入色泽浅的药物，逐渐稀释。

例 4.4　冰硼散

【处方】

冰片 50g　硼砂 500g　朱砂 60g　玄明粉 500g

【制法】

①取朱砂以水飞法粉碎成极细粉（过 200 目筛），干燥后备用；②将硼砂研成细粉（过 100 目筛）；③冰片研成细粉，与玄明粉、硼砂配研混匀；④将朱砂与上述混合粉末按等量递加法研磨混匀，过七号筛即得。

【分析】

处方中的朱砂为红色，颜色较深，注意其细度和混合的均匀性。

第三节　颗粒剂

一、概述

颗粒剂指的是药物和适宜的辅料制成具有一定粒度的干燥颗粒状剂型，供口服用，可直接吞服或冲入水中饮服，在临床上有着广泛的应用。其中粒径范围在 105 ~ 500μm 的颗粒剂又称细粒剂。

（一）颗粒剂的特点

颗粒剂的优点：①利于吸收，起效快，运输、携带、贮存方便。②可掩盖某些药物的不良臭味。颗粒剂可包衣或加入矫味剂等，起到掩味的作用。③可制成缓、控释颗粒剂或肠溶颗粒剂[20]。

颗粒剂的缺点：颗粒剂含糖较多，包装不严密时，易潮解，软化结块，影响质量；包含多种颗粒的颗粒剂可能因颗粒大小和密度的差异造成离析现象，使分剂量不易准确[12]。

（二）颗粒剂的分类

根据颗粒剂在水中的溶解情况可以分为如下几类。

1. 可溶颗粒

大部分颗粒剂为水溶性，用 70 ~ 80℃ 的热水冲服，如感冒清热颗粒、板蓝根颗粒等；另外，有个别品种可以酒溶，如野木瓜颗粒，有祛风止痛、舒筋活络的作用，可用少量饮用酒调服，效果更好。

2. 混悬颗粒

指的是难溶性固体药物与合适的辅料制成的具有一定粒度的干燥颗粒剂。临用前加水或其他适宜的液体振摇即可分散成混悬液，如小儿肝炎颗粒、头孢拉定颗粒等。

3. 泡腾颗粒

指的是成分中有泡腾崩解剂，与水反应能够产生大量二氧化碳气体从而呈泡腾状的颗粒剂。其药物应是可溶性的，与水反应放出气体后可以溶解。泡腾颗粒应溶解或分散于水中后服用。如维生素 C 泡腾颗粒、布洛芬泡腾颗粒、小儿咳喘灵泡腾颗粒等[2]。

4. 其他

①肠溶颗粒：系采用肠溶材料包裹或其他适宜的方法制成的颗粒剂，能耐胃酸，而在肠液中释放出活性成分，可避免药物在胃部分解，从而减少对胃部的刺激；②缓、控释颗粒：指在水或其他介质中缓慢地（非恒速地或接近恒速地）释放药物的颗粒剂。这两种常作中间剂型，可装胶囊或压片后使用。

二、颗粒剂的制备

颗粒剂的制备工艺流程如图4-14所示。

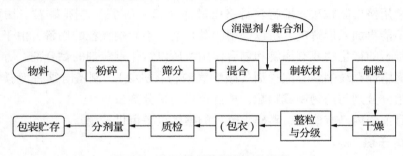

图4-14　颗粒剂的制备工艺流程

1. 粉碎、筛分、混合

主药的辅料在混合前均需经过粉碎、过筛或干燥等处理。其细度以通过80～100目筛为宜。毒剧药、贵重药及有色的原辅料宜更细些，易于混匀，使含量准确。对有干燥要求的原辅料按要求进行干燥；对某些小剂量药物进行初步混合；按处方量进行称量；中药材的浸出液须经精制、浓缩、干燥等过程。

物料备好后，按批整齐摆放，正确标识，经质监人员确认后进入下一工序。

2. 制软材

把药物与稀释剂（常用淀粉、乳糖、蔗糖等）、崩解剂（常用淀粉、纤维素衍生物等）等辅料混合后，加入湿润剂或黏合剂进行混合，制成软材[4]。

黏合剂的加入量可根据经验定。以"手握成团，触压即散"为准。影响软材松紧的因素一般有：

（1）黏合剂浓度与用量

黏合剂浓度越大，黏性越大，黏合剂用量多则制备出的颗粒黏性越大而紧。中药清膏做黏合剂和粉料比例一般为 1 : (2.5 ~ 4)。

（2）混合时间

一般湿混时间越长，颗粒越紧，时间短，颗粒松，但时间太短可能混合不均匀，因此混合时间要适宜。

（3）原辅料性质

原辅料粒度、晶型、黏性等均影响颗粒的成型与质量。

3. 制粒

常用挤出制粒法，即将软材挤压过筛（12 ~ 14 目）制得颗粒。由于制粒后不能再加入崩解剂，所以选用的黏合剂应不影响颗粒的崩解，由于淀粉和纤维素的衍生物兼有崩解和黏合作用，所以常作颗粒剂的黏合剂[22]。

泡腾性颗粒剂含有泡腾剂（碳酸氢钠和有机酸），制备时须将泡腾剂的两种组分分别与药物制成颗粒，再混合均匀，分剂量。

目前国内已有滚压、碾碎、整粒的整体设备可供选用。

4. 干燥

常用有箱式干燥法、流化床干燥法等。颗粒的干燥程度，以颗粒中的水分控制在 2% 以内为宜。

5. 整粒与分级

颗粒在干燥过程中，可能发生粘连甚至结块的现象，因此，需通过解碎或整粒以制成一定粒度的均匀颗粒。整粒采用过筛分级的办法，将干颗粒用一号药筛除去粘结成块的颗粒，将筛过的颗粒再用五号药筛进行分级，使颗粒均匀，符合颗粒剂对粒度的要求。

芳香性成分或香料一般溶于 95% 的乙醇中，雾化喷洒在干燥在颗粒上，混匀后密闭放置规定时间后再进行分装。

6. 包衣

为使颗粒达到矫味、矫臭、稳定、缓释或肠溶等目的，可对其进行包衣，一般常用薄膜包衣。

7. 分剂量、包装与贮存

颗粒剂分剂量与贮存基本与散剂相同，但要注意均匀性，防止多组分颗粒的分层。颗粒剂的包装通常用复合塑料袋包装，其优点是轻便、不透湿、不透气、颗粒不易出现潮湿溶化的现象。包装可采用单剂量包装或多剂量包装。除另有规定外，颗粒剂应密封、干燥处保存，防止受潮。

将制得的颗粒进行含量检查与粒度测定等检查，合格后使用自动颗粒分装机进行分剂量。颗粒剂易吸潮，可选用质地较厚的塑料薄膜袋包装或铝塑复合膜袋包装。也可以先包衣后包装，解决颗粒剂易吸潮的问题。

三、实例分析

例4.5　维生素 C 泡腾颗粒剂的制备

【处方】

维生素 C 1%~2%　　枸橼酸 8%~10%　　碳酸氢钠 6%~10%

糖粉 70%~90%　　　柠檬黄适量　　　　甜味剂适量

食用香精适量

【制法】

①将枸橼酸磨成细粉，干燥，取维生素 C 与枸橼酸混合均匀，加入柠檬黄稀乙醇溶液，混合均匀，制粒，干燥成酸性料；②分别取糖粉、碳酸氢钠混合均匀，加入柠檬黄、甜味剂、糖精钠水溶液及食用香精，混合均匀，制粒，干燥成碱性料；③将干燥的酸、碱料混合；④质检，分装。

例4.6　空白颗粒的制备

【处方】

淀粉 53g　糖粉 20g　糊精 3g　色素 4g　10% 淀粉浆适量

【制法】

制法1：取淀粉、糖粉、糊精、色素过筛混合，加入适量 10% 淀粉浆制软材，挤压过筛（12~16目）制颗粒，50℃烘箱内干燥，整粒，即得。

制法2：取淀粉、糖粉、糊精、色素过筛混合，加入适量 10% 淀粉浆制软材，摇摆制粒机制颗粒，50℃烘箱内干燥，整粒，即得。

【注意事项】

①色素的用量较少，应采用等量递增法将其与辅料混合均匀。②湿颗粒在干燥过程中每隔半小时将上下托盘互换位置，将颗粒翻动一次。

【质量检查】

①粒度，取本品 5 袋（50g），置药筛内，过筛时，筛保持水平状态，左右往返轻轻筛动，过筛3min，不能通过 1 号筛和能通过 4 号筛的颗粒和粉末总和，不得超过 8.0%。②溶化性，取本品 10g，加热水 200mL，搅拌5min，应全部溶化（允许有轻微混浊）。③干燥失重，照烘干法测定，本品

含水量不得超过 2.0%。

例 4.7 感冒退热颗粒的制备

【处方】

大青叶 435g 板蓝根 435g 连翘 217g 拳参 217g 制成干颗粒 1000g

【制法】

①浸出：将这四味药用水煎煮 2 次，均进行 1.5 小时，把两次的煎液倒在一起，滤过之后，在 90~95℃下进行浓缩处理，直到相对密度约为 1.08，使其冷却至室温。②精制：向药液中加入等量的乙醇使其产生沉淀，静置。取上清液于 60℃浓缩至相对密度为 1.20 的稠膏，加入等量的水，搅拌，静置 8 小时。取上清液于 60℃浓缩成相对密度为 1.38~1.40 的清膏。③制粒：按清膏 1 份、蔗糖粉 3 份、糊精 1.25 份的比例，加入适量乙醇，混合制软材，16 目网制湿颗粒。④干燥：50℃箱式干燥，中间翻料，干燥至水分低于 6.0%。⑤整粒：16 目网整粒。⑥总混、质检、包装。每袋装 18g。

【用法与用量】

开水冲服：一次 1~2 袋，一日 3 次。

【分析】

本品也可制成无糖颗粒：取上清液于 60℃浓缩成相对密度为 1.09~1.11 的清膏，加糊精、矫味剂适量，混匀，喷雾干燥，可制成无糖颗粒 250g，每袋装 4.5g。

例 4.8 复方锌布颗粒的制备

【处方】

葡萄糖酸锌 1000g 布洛芬 1500g 马来酸氯苯那敏 20g 甜菊糖 50g
蔗糖 500g 羟丙甲基纤维素水溶液（2%）约 500g
奶油香精适量

【制法】

①物料的预处理：葡萄糖酸锌、布洛芬过 100 目筛，蔗糖粉碎过 100 目筛，按处方量称量各物料。取蔗糖少量置研钵中，研磨饱和研钵，加入马来酸氯苯那敏和甜菊糖研磨混合均匀，按等量递加法加入蔗糖，研磨混合均匀。②制颗粒：葡萄糖酸锌、布洛芬、蔗糖、马来酸氯苯那敏和甜菊糖同置高速混合颗粒机中，开机混合 20 分钟。混合过程中要停机处理边上的物料，使全部均匀。搅拌下加入 2% 羟丙甲基纤维素水溶液适量，继续混合、制粒约 10 分钟，至颗粒松硬适中，出料准备干燥。③干燥：湿颗粒置白瓷盘上，

放入干燥箱干燥，或沸腾干燥，干燥温度为50℃，干燥至水分低于2.0%。④整粒：摇摆式颗粒机，14目不锈钢网，开机整粒。⑤总混：奶油香精用少量乙醇溶解，喷入筛出的较细粉粒中，再与其他颗粒混合均匀，置不锈钢桶中，加盖放置一晚上。⑥质检：取样检查含量后确定装量、检查粒度、干燥失重等项目，合格后包装。⑦包装：每袋含葡萄糖酸锌100mg、布洛芬150mg、马来酸氯苯那敏2mg。⑧装量、卫生学、溶化性检查。

【分析】

①50℃干燥：布洛芬的熔点为74.5～77.5℃，干燥温度过高可导致干燥时其熔化、挥发，影响产品质量；蔗糖在温度过高时易黏结，所以干燥温度不宜过高。②马来酸氯苯那敏和甜菊糖的用量较少，注意混合的均匀性，并要检查马来酸氯苯那敏的含量均匀度。③奶油香精可用乙醇稀释后喷在颗粒上。

第四节　片剂

一、概述

片剂（tablets）是指药物与适宜的辅料混合均匀，通过制剂技术压制而成的圆片状或异形片状（如椭圆形、三角形、菱形、动物模型等）的固体制剂。

（一）片剂的特点

片剂的优点[14]：①片剂给药途径广泛；②按片服用，剂量准确；③片剂为干燥固体制剂，受外界空气、光线、水分等的影响小，质量稳定；④可大量生产，成本较低；⑤体积小，便于运输、携带、贮存；⑥药片上可压出药物的名称或使具有不同颜色，便于识别。

片剂的缺点：①压片时加入的辅料较多，可能会影响其生物利用度；②不适宜婴幼儿、昏迷病人服用；③若药片中含有挥发性成分，不应长期保存；④制备过程较困难。

（二）片剂的分类

按制备特点结合给药途径，片剂可分为以下几类。

1. 口服片

口服片是指通过口腔吞咽，经胃肠道吸收而发挥全身作用或在胃肠道发挥局部作用的片剂。

（1）普通压制片

药物与辅料直接混合压制而成的片剂。一般未包衣的片剂多属此类，应用广泛。

（2）包衣片

包衣片系指在压制片外包有衣膜的片剂，具有保护、美观或控制药物释放等作用。根据包衣物料不同，包衣片又可分为糖衣片、薄膜衣片、肠溶衣片等。

（3）多层片

多层片系指由两层或多层构成的片剂。分为上、下两层或内外两层。每层可含不同的药物和辅料。

多层片可以避免复方制剂中不同药物之间的配伍变化或使片剂兼有长效、速效作用。

（4）咀嚼片

咀嚼片系指在口腔中咀嚼，经胃肠道吸收发挥作用的片剂。特别适合于小儿或吞咽困难者应用。多用于治疗胃部疾病和补钙制剂。咀嚼片要求口感、外观均应良好，按需要可加入矫味剂、芳香剂和着色剂，但不需加入崩解剂，硬度宜小于普通片。

（5）泡腾片

泡腾片指的是成分中含泡腾崩解剂，与水反应能够放出气体而呈泡腾状的片剂。泡腾片可供口服或外用，多用于可溶性药物。

（6）分散片

分散片指的是遇水能迅速崩解并均匀分散的片剂。服用时，可以先用水分散再口服，还可以含服或吞服。具有吸收快、生物利用度高的优点。应用于难溶性药物的制备。分散片分散后得到均匀的混悬液，制备时可按需要加入矫味剂、芳香剂和着色剂。分散片按崩解时限检查法检查，应在 3min 内全部崩解分散[20]。

（7）缓释片

缓释片指的是在水或其他介质中缓慢地（非恒速或接近恒速地）释放药物的片剂。缓释片能使药物缓慢释放、吸收而延长药效。

2. 口腔片

（1）含片

含片指的是通过含服，使药物逐渐溶解并对局部起到较持久的治疗作用的片剂。此类片剂必须满足药物为易溶性，片重、直径和硬度均大于普通片。按需要，含片可加入矫味剂、芳香剂和着色剂。常用于治疗口腔及咽喉疾病。

（2）舌下片

舌下片指的是放在舌下使其溶解，通过舌下黏膜吸收从而对全身起到一定作用的片剂。此类片剂的特点为药物不经胃肠道吸收，直接经黏膜快速吸收而呈速效，并可避免肝脏的首过作用。舌下片要求药物和辅料应是易溶性的。

（3）口腔贴片

口腔贴片指的是粘贴在口腔上，通过黏膜吸收从而对局部或全身起到一定作用的片剂。按需要可加入矫味剂、芳香剂和着色剂。应检查此类片剂的释放度。

3. 外用片

（1）阴道片

阴道片指的是放在阴道内发挥作用的片剂。一般用于杀菌、消炎、杀精子及收敛等。常制成泡腾片应用。

（2）溶液片

溶液片指的是先用水将其溶解为一定浓度的溶液再服用的非包衣或薄膜包衣片剂。可溶片所用药物与辅料均为可溶性的。可供外用、含漱、口服等。

二、片剂的制备

压片操作需要满足三个基本条件：即流动性、可压性和润滑性。流动性是在压片过程中，物料可以较顺利地流入模孔，可减少片重差异。可压性是指在压片过程中物料的可塑性，可塑性大表示可压性好，也就是说容易成型，通过施加适宜的压力可以压成一定硬度的片剂，不出现裂片、松片等不良现象；润滑性是保证在压片过程中片剂不黏冲，使制得片剂完整、光洁。

片剂的处方筛选和制备工艺的选择首先要考虑能否有利于压片。片剂的制备方法按制备工艺分为两大类四小类，如图 4-15 所示。

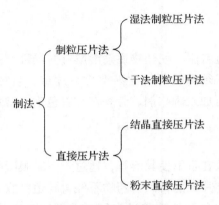

图 4-15 片剂的制法

（一）湿法制粒压片

湿法制粒压片法是将物料湿法制粒干燥后进行压片的方法，是应用最为广泛的压片方法。适用于药物不能直接压片，对湿、热稳定的药物的制片。

片剂制粒的目的：①改善物料的流动性、可压性，减少片重差异；②减少粉末吸附和容存的空气，便于成型，减少裂片现象；③对小剂量药物，通过制粒易于达到含量准确、分散良好、色泽均匀；④减少粉末飞扬细粉黏冲现象。

湿法制粒压片的工艺流程如图 4-16 所示。

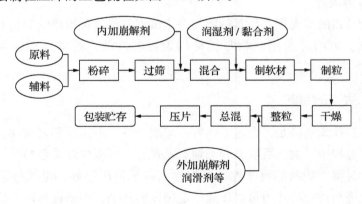

图 4-16 湿法制粒压片工艺流程

湿法制粒压片过程如下。

1. 原辅料处理

对原料和辅料进行粉碎、过筛和混合处理。一般来说，用来压片的原辅料应达到 80~100 目的细度要求，对一些贵重和有色药物的细度要求更高，这样才能使其混匀，更加精确地控制含量；对难溶性药物，必要时经微粉化处理（<5μm）。处方中各组分量差异大时或药物含量小的片剂，宜适用等量递增法使药物分散均匀。

2. 制粒、干燥

干颗粒的质量要求：①良好的流动性和可压性；②药物含量符合规定；③细粉含量控制在 20%~40%；④含水量控制在 1%~3%；⑤硬度适中。

3. 整粒与总混

由于湿颗粒在干燥过程中会黏连成块，所以在压片前需过筛整粒，使颗粒大小一致，以便于压片。整粒用筛网一般为 12~20 目。

整粒后的颗粒加入外加崩解剂、润滑剂、不耐热的药物及挥发油等置混合筒内进行"总混"，挥发油可先用适量乙醇溶解再采用喷雾法加入，混匀后密闭数小时，以利于充分渗入颗粒中，或先用整粒出的细粉吸收，再与干粒混匀。近年来有将挥发油微囊化后或制成 13-环糊精包合物加入，不仅可将挥发油包合成粉，便于制粒压片，也可减少挥发油在贮存中的挥散损失。

4. 压片

压片前需经片重计算，然后选择适宜冲模安装于压片机中进行压片。片重、筛目和冲头直径的关系见表 4-2。

表 4-2 片重、筛目和冲头直径的关系

片重/mg	筛目数		冲头直径/mm
	湿颗粒	干颗粒	
50	18	16~20	5~5.5
100	16	14~20	6~6.5
150	16	14~20	7~8
200	14	12~16	8~8.5
300	12	10~16	9~10.5
500	10	10~12	12

（1）片重的计算

药物制成干颗粒时，经一系列操作过程，原辅料有一定损失，故压片时应对其中的主药的实际含量进行测定，再计算片重，计算公式如下。

每片颗粒重 = 每片药物含量/测得颗粒中药物百分含量

片重 = 每片颗粒重 + 压片前加入的辅料重

生产中，一般会计入原料的损耗，增大投料量，此时，片重的计算公式为

片重 = （干颗粒重 + 压片前加入的辅料重）/应压总片数

（2）压片机和压片过程

目前常用的压片机有单冲撞击式压片机和多冲旋转式压片机，根据不同的要求尚有二次或三次压片机、多层压片机、压缩包衣机和半自动压片机。压片过程大致分为填料、压片和出片。

①单冲撞击式压片机。其基本结构如图 4-17 所示。压力调节器负责调

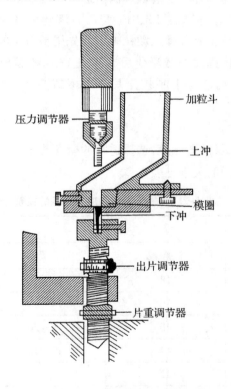

图 4-17　单冲压片机基本构造示意

节上冲下降到模孔的深度，深度越大，压力越大；片重调节器可以调节下冲下降的距离，下降得越低，模孔就能容纳越多的颗粒，片重则越大；出片调节器可以调节下冲上升的距离，使它和模圈的上沿相平，这样制成的片剂可以由模孔顺利地排出。

单冲压片机的压片过程如图4-18所示：（a）上冲上升，饲粉器移到模孔上方；（b）上冲下降到一定的位置（由片重调节，使容纳的颗粒重与片重相等），饲粉器在模圈上方移动，使模孔内填满颗粒；（c）使饲粉器远离模孔，且模孔中的颗粒与模圈的上沿平齐；（d）通过上冲下降来对颗粒进行压片处理；（e）上冲上升，同时下冲也上升到与模圈上沿相平的位置，饲粉器再移到模孔之上，将压成之片剂推开，并进行第二次饲粉，如此反复进行。

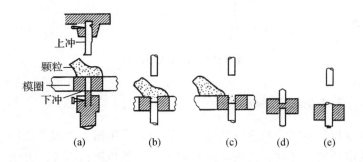

图4-18　单冲压片机的压片流程

②多冲旋转式压片机。多冲旋转式压片机是目前生产中广泛应用的压片机，有多种型号，按冲数不同分为16冲、19冲、27冲、33冲和55冲等多种。其主要由动力部分、传动部分、工作部分三大部分构成，如图4-19所示。工作部分由机台（上层装上冲，中层装模圈，下层装下冲）；上、下压轮；片重调节器、压力调节器、出片调节器；饲料器、刮粉器；吸尘器、防护等装置组成。

压力调节器是通过在压缩时调节下压轮的高度，从而调节下冲升起的高度，高则两冲间距离近，压力大。片重调节器是装于下冲轨道上，用调节下冲经过刮粉器时高度以调节模孔的容积。出片调节器同单冲压片机。

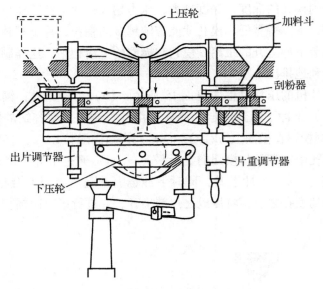

图4-19　旋转式压片机

（二）干法制粒压片法

干法制粒是将药物和适宜的辅料混合后，采用滚压法或重压法，用适宜的设备压成块状、片状，再粉碎成所需大小的颗粒进行压片的方法。对湿热敏感、遇水易分解、有吸湿性或采用直接压片法流动性差的药物，多采用干法制粒压片，方法简单易操作。其工艺流程如图4-20所示。

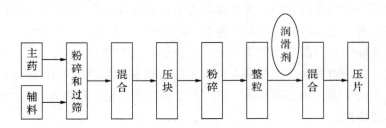

图4-20　干法制粒压片法工艺流程

1. 滚压法

滚压法是将药物与辅料混匀后，通过滚压机或特殊的重压设备将其压成硬度适宜的薄片，再碾碎、整粒，加入润滑剂混合后即可压片。目前国内已有滚压、碾碎、整粒的整体设备可供选用。

2. 重压法

重压法又称大片法。系利用重型压片机将物料粉末压制成直径为 20 ~ 25mm 的胚片，然后破碎成一定大小颗粒再压片的方法。本法设备操作简单，工序少，但生产效率低，冲模等因压力较大易导致机械的损耗。

（三）直接制片法

干法制片法优点是生产工序少、设备简单，有利于自动化连续生产，适用于对湿、热不稳定的药物。

1. 结晶直接压片法

结晶性药物如无机盐、维生素 C 等具有较好的流动性和可压性，只需经过适当筛选成适宜大小颗粒，加入适宜的辅料混匀后即可直接压片，其工艺流程如图 4-21 所示。

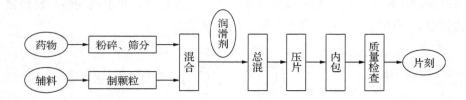

图 4-21 结晶直接压片法工艺流程

2. 粉末直接压片法

系指药物细粉与适宜辅料混合后，不制粒而直接压片的方法。粉末直接压片法有工艺简单，节能省时，崩解和溶出快等特点，国外约有 40% 的片剂采用此种工艺。粉末直接压片法的工艺流程如图 4-22 所示。

但由于粉末的流动性和可压性较差，压片将有一定困难，改善的措施有以下几点。

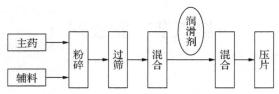

图 4-22 粉末直接压片法工艺流程

①改善压片物料的性能。对于大剂量片剂，主要由药物本身的性状影响压片过程和片剂的质量，一般可用重结晶法、喷雾干燥法改变药物粒子大小及分布或改变粒子形态来改善药物的流动性和可压性。而小剂量片剂（药物含量小于25mg），则可选用流动性、可压性好的辅料，以弥补药物性能的不足。

粉末压片的辅料应具有良好的流动性和可压性，并需要对药物有较大的容纳量。填充剂常用有微晶纤维素、喷雾干燥乳糖、可压性淀粉、磷酸氢钙二水物；黏合剂均为干燥黏合剂，常用的有蔗糖粉、微晶纤维素；助流剂常用微粉硅胶和氢氧化铝凝胶干粉。

②压片机械的改进。为适应粉末直接压片的需要，对压片机应进行如下改进：一方面改善饲粉装置，加振荡装置或强制饲粉装置。另外一方面增加预压机构，第一次先初步压缩，第二步最终压成片。增加压缩时间，有利于排出空气，减少裂片，增加硬度。如二次压缩压片机（见图4-23）。此外还可改善除尘机构，由于粉末直接压片时产生粉尘较多，要求刮粉器与模台紧密接合，严防漏粉，并安装吸粉器，以减少粉尘飞扬。

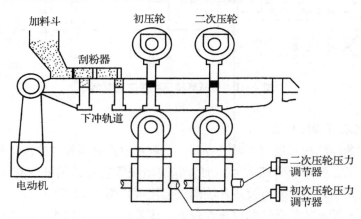

图4-23　二次压缩压片机示意

第五节　胶囊剂

一、概述

胶囊剂指将药物或添加辅料的药物填入空心胶囊或密封在软质囊材中的

固体制剂。硬质胶囊和软质胶囊的囊材都由明胶、甘油、水及其他的药用材料如增塑剂、增稠剂、着色剂和防腐剂等组成，但各组成的比例不尽相同，制备的方法也不同。

19 世纪中叶，先后提出使用硬胶囊剂和软胶囊剂。随着自动胶囊填充机的问世，使胶囊剂的生产有了很大的发展，在世界各国药典收载的品种中仅次于片剂和注射剂，居于第 3 位。

（一）胶囊剂特点

胶囊剂具有如下优点[12]：①可掩盖药物的臭味和刺激性气味。②药物的生物利用度较高。与片剂相比，在制备时多不加黏合剂和加压，故在胃肠道中分散快、吸收好，一般口服后 3 ~ 10min 即可崩解释药，有较高的生物利用度。③提高药物的稳定性。对光敏感或遇湿、热不稳定的药物，如维生素可装入不透光的胶囊中，保护药物不受湿气、氧气、光线的影响。④可延缓药物释放。将药物制成颗粒或小丸，用不同释药速度的材料包衣，按需要比例混合装入空胶囊中，达到缓释的目的。⑤可定位释药。可在胶囊外面涂上肠溶性材料或将肠溶性材料包衣的颗粒或小丸装入胶囊，使其在肠道起作用。⑥外表整洁、美观，较散剂易吞服。携带、使用方便。

下列情况下药品不宜制成胶囊剂[20]：①药物的水溶液或稀乙醇溶液可以与囊材发生反应并使其溶解；②药物极易溶解且刺激性较强。若此类药物在胃中溶解后会因过高的浓度而对胃黏膜造成刺激；③药物具有风化性，可以软化囊壁；④药物具有吸湿性，可令囊壁变得干燥易脆。

（二）胶囊剂的分类

胶囊剂按外观特性分为硬胶囊剂（通称为胶囊）、软胶囊剂（胶丸）两大类。按作用特性分为胃溶胶囊剂、肠溶胶囊剂、缓释胶囊剂、泡腾胶囊剂等。

硬胶囊剂是把药物或加入辅料的药物制成粉末、颗粒、小片或小丸等，再填入空心胶囊中制得。外形呈圆筒状。如头孢氨苄胶囊、速效感冒胶囊。

软胶囊剂是将一定量的药液密封于软质囊材中制成的胶囊剂。外形呈球状或椭圆状。如维生素 A 胶囊、维生素 E 软胶囊等。近年来，中药产品的软胶囊开发较多，如藿香正气软胶囊、蛇胆川贝软胶囊等。

缓释胶囊剂是指将药物与缓释材料制成骨架型的颗粒或小丸，或将药物制成包有缓释材料，在胃肠液中能缓慢释药的微孔型包衣小丸，再装入空心胶囊中所成的胶囊剂。具有缓释长效的特点。如硫酸沙丁胺醇缓释胶囊、硝酸异山梨酯缓释胶囊等。

　　肠溶胶囊剂是指采用肠溶材料作为囊材，或胶囊内的颗粒或小丸采用肠溶材料进行包衣的胶囊剂。肠溶胶囊不溶于胃液，但能在肠液中崩解而释放活性成分，适用于一些具嗅味、对胃有刺激性、遇酸不稳定或需在肠中释药的药物制备，如奥美拉唑肠溶胶囊、胰酶肠溶胶囊、酮洛芬肠溶胶囊等[2]。

　　泡腾胶囊剂是将药物与辅料混合后制成泡腾颗粒胶囊剂，应用时胶壳迅速溶解，药物经泡腾作用而溶出和吸收，具有快速吸收的特点。

二、胶囊剂的制备

（一）硬胶囊剂的制备

　　一般分空胶囊的准备、囊心物的制备、填充、封口等工序。如图4-24所示。

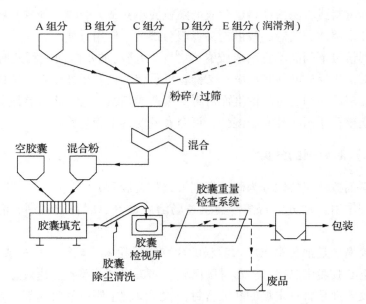

图4-24　硬胶囊剂生产工艺流程示意

1. 空胶囊的准备

空心胶囊的生产由专门的胶囊生产公司来完成，药品生产公司根据需要选择、购买。

空心胶囊由具有弹性并能互相紧密套合的上、下两节圆筒组成，分别称为囊体和囊帽，其制备的主要原料为明胶。明胶具有脆碎性，弹性较差，为了增加空胶囊的坚韧性与可塑性，提高其质量，可适当加入羧甲基纤维素钠、山梨醇、甘油等作增塑剂；加入蔗糖或蜂蜜增加硬度和矫味；加入色素增加美观和便于识别；加入羟苯酯类以防腐等。

空胶囊可以根据需要加入适宜的辅料。为增加囊壳的坚韧性和可塑性，可加入增塑剂；为减少流动性、增加胶冻力，可加入增稠剂等；对光敏感的药物，可加入遮光剂二氧化钛（2%～3%）；为防止霉变，可加防腐剂尼泊金酯类等；为改善囊壳的机械强度、抗湿性、抗酶作用，可加入硅油，此外，加入适量表面活性剂，可作为模柱的润滑剂，使胶液表面张力降低，制得的囊壳较厚；增加囊壳的光泽。

空胶囊的大小规格用号码表示。市售的硬胶囊一般有8种规格，即000号、00号、0号、1号、2号、3号、4号和5号，其容积（mL±10%）依次为1.42、0.95、0.67、0.48、0.37、0.27、0.20、0.13。常用0～3号。由于药物填充多用容积控制，而各种药物的密度、晶型、细度以及剂量不同，所占的体积也不同，故必须选用适宜大小的空胶囊，200～300mg装量一般可选择1号胶囊。空心胶囊的选择可通过试验来决定。

空胶囊的质量检查项目主要有：①外观、弹性（手压胶囊口不碎）；②溶解时间（37℃/10min）；③水分（12%～15%）；④厚度（0.1mm）、均匀度、微生物等。

2. 囊心物的制备

硬胶囊剂的囊心物通常是固态，形式有粉末、颗粒、小片或小丸三种。

若纯药物能满足填充要求，一般将药物粉碎至适宜细度即可；小剂量药物应先用适宜的稀释剂稀释；流动性差的针晶或引湿性粉末，可加适量辅料如稀释剂、润滑剂、助流剂等或加入辅料制成颗粒后填充。常用稀释剂有淀粉、微晶纤维素（MCC）、蔗糖、乳糖等，常用润滑剂有硬脂酸、硬脂酸镁、滑石粉、微粉硅胶等；疏水性药物应加惰性亲水性辅料，改善其分散性与润湿性，也可将药物制成包合物、固体分散体、微囊或微球等[14]。

有时为了延缓或控制药物的释放速度，可将药物制成小片或小丸后再填充。常将普通小丸、速释小丸、缓释小丸、控释小丸或肠溶小丸单独填充或混合填充，必要时加入适量空白小丸作填充剂。

粉末状内容物的制备如散剂，经粉碎、筛分、混合等得均匀粉末，是最常见的胶囊内容物；颗粒状内容物的制备如颗粒剂，只是粒度一般要小于40目，所以可选择较小孔径的筛网制粒；小丸、固体分散体、包合物、微囊、微球制备见丸剂或后面新剂型与新技术。

3. 胶囊的填充

手工填充：用于小量制备，仅用于药粉。

机械填充：用于大量生产，常用胶囊自动填充机，此时要求粉末有良好的流动性或将粉末制成颗粒或微丸。

充填应在温度25℃左右、相对湿度45%～55%的环境中进行，以保持胶囊壳有合适的硬度、韧性、脆性，保证胶囊充填的质量。

在生产中，常采用如下两种设备。

（1）半自动胶囊充填机

目前国内常用的是JTJⅡ型半自动充填机，其特点是：结构新颖，造型美观；采用电器、气动联合控制，配备电子自动计数装置，辅以人工将胶囊盘做工位间转移，能分别完成胶囊的就位、分离、充填、锁紧等循环动作；减轻劳动强度，提高了生产效率，符合制药卫生要求；操作方便、工作可靠、充填剂量准确、适用范围广、成品合格率达到97%以上；适合于中、小型制药厂使用。

（2）全自动胶囊充填机

国内外已经开发出多种型号的全自动胶囊充填机，如ZJT-20A型、ZJT-40A型、YAM-1500型、CFM-800型、NJP-15000型等。这些设备多为全封闭式，符合GMP的要求，已经被广泛用于硬胶囊剂的生产。

如图4-25所示为ZJT-20A型全自动胶囊充填机外形示意图，其主要由机架、传动系统、回转台部件、胶囊送进机构、胶囊分离机构、真空泵系统、颗粒充填机构、粉末充填组件、废胶囊剔除结构、胶囊封合结构、成品胶囊排出结构、清洁吸尘机构和电气控制系统等部分组成。

ZJT-20A型全自动胶囊充填机的特点是体积小、效率高、能耗低；电气部分采用了变频调速系统，可以平稳地进行无级调速；机械部分采用了凸轮传动机构，保证各工作机构运转协调；充填剂量准确、可调；更换充填不同规格胶囊的附件方便；可以充填粉末或颗粒；可以自动剔除不合格品；设有

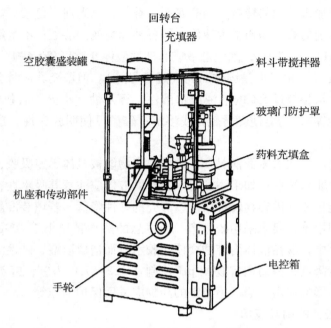

图 4-25　ZJT-20A 型全自动胶囊充填机外形示意

对人、机的安全保护装置。

全自动胶囊充填机的型号有多种，但是其工作过程都主要包括 7 个步骤。

4. 封口

填充后的胶囊，为防止物料泄漏，应将囊帽和囊体套合并封口。使用普通胶囊时需封口，封口材料常用不同浓度的明胶液，如明胶 20%、水 40%、乙醇 40% 的混合液等。目前多使用锁口胶囊，封闭性良好，不必封口。

（二）软胶囊剂的制备

软胶囊剂俗称胶丸，系指将一定量的药液直接包封，或将固体药物溶解或分散在适宜的赋形剂中制备成溶液、混悬液、乳浊液或半固体，密封于软质胶囊中的胶囊剂，外形呈圆球形或椭圆形，其空胶囊柔软、有弹性，故又称弹性胶囊剂。

1. 囊材和囊心物的要求

软胶囊的囊材通常由明胶：甘油：水 [1：（0.4 ～ 0.6）：1] 组成。也可根据需要加入其他的辅料，如防腐剂、香料、遮光剂、色素等。

软胶囊剂的囊心物通常为液体，如各种油类或油溶液；不溶解明胶的液体药物（pH 2.5 ~ 7.0），油混悬液或非油性液体介质（PEG400 等）混悬液（小于 100μm）；也可以是固体药物（过五号筛）。但填充乳剂时会使乳剂失水破坏；含水量超过 5% 的溶液或水溶性、挥发性、小分子有机物（乙醇、酸、胺、酯等），均能使囊材软化或溶解；醛类可使明胶变性，这些均不宜制成软胶囊。

软胶囊产品在大多数情况下，希望内容物能被机体迅速吸收，所以多数填装药物的非水溶液；如果添加与水混溶的液体应注意其吸水性，因为胶囊壳的水分能迅速向内容物转移而使胶囊壳的弹性降低。若填装混悬液时，为提高生物利用度，要求采用胶体磨，使混悬的药物颗粒小于 100μm。此外，在长期贮存中，酸性液体内容物会使明胶水解而造成泄漏，碱性液体能使胶囊壳溶解度降低，因而内容物的 pH 控制在 2.5 ~ 7.0 为宜；醛类药物会使明胶固化而影响溶出；遇水不稳定的药物应采用保护措施等。

2. 软胶囊的制备技术

要制备出合格的软胶囊，首先必须对软胶囊的处方工艺、生产设备、制备方法和生产条件全面了解，通过处方筛选、设备和工艺验证及生产环境的验证确定一个完整的生产工艺流程。常用的制备方法有滴制法和压制法。滴制法制备的软胶囊呈球形且无缝；压制法制备的软胶囊有压缝，可根据模具的形状来确定软胶囊的外形，常见的有橄榄形、椭圆形、圆形、鱼形等。软胶囊的生产工艺流程如图 4-26 所示。

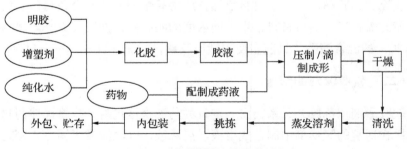

图 4-26　软胶囊的生产工艺流程

（1）滴制法

滴制法制备软胶囊剂的设备由两套贮槽和定量控制器、双层喷头、冷却器等部分组成,如图 4-27 所示。制备时,将明胶液与油状药液(如鱼肝油)分别置于两贮液槽内,经定量控制器将定量的胶液和油液通过双层喷头(外层通入胶液,内层通入油液),并使两相按不同的速度喷出,使胶将油包裹,滴入液状石蜡的冷却剂中,胶液遇冷由于表面张力的作用收缩成球状并逐渐凝固而成胶丸,收集胶丸,用纱布拭去附着的液状石蜡,再用石油醚、乙醇先后各洗涤两次以除净液状石蜡,于 25~35℃烘干即可。

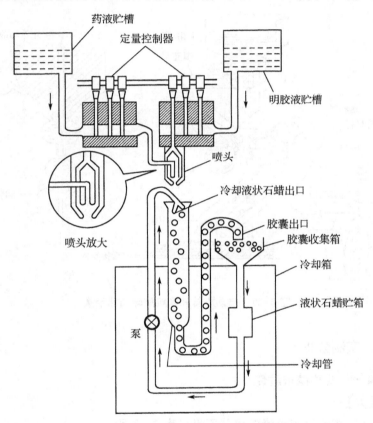

图 4-27　软胶囊滴制法生产过程示意

　　影响软胶囊质量的因素主要有:①胶皮的处方比例。以明胶:甘油:水 =1:(0.4~0.6):1 为宜,否则胶丸壁过软或过硬。②药液、胶液、冷却液三者的密度。以既能保证胶囊在冷却液中有一定的沉降速度,又有足够时间使之成型为宜。③温度。胶液与药液应保持 60℃,喷头处应为 75~80℃,冷却液应为 13~17℃,软胶囊干燥温度应为 20~30℃,并加以通风条件。

（2）压制法

压制法制备软胶囊剂系用明胶与甘油、水等溶解后制成胶板，再将药液置于两块胶板之间，用钢板模或旋转模压制成软胶囊，适合于连续生产。目前生产上常用旋转模压法，生产设备为自动旋转轧囊机（图4-28）。

此法特点是可连续化自动生产，产量高，成品率高，成品重量差异小。

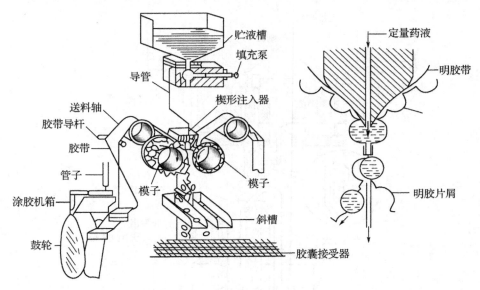

图4-28 自动旋转轧囊机旋转模压示意

三、实例分析

例4.9 头孢氨苄胶囊

【处方】

1000 粒头孢氨苄胶囊的成分用量如表4-3所示。

表4-3 1000 粒头孢氨苄胶囊的成分用量　（单位：g）

成分	规格	0.125g/粒	0.25g/粒
头孢氨苄	原粉	125	250
淀粉	100 目	50	100
羟丙基纤维素	100 目	10	20

续表

成分	规格	0.125g/粒	0.25g/粒
淀粉浆	10%	适量	适量
硬脂酸镁	80 目	2	4

【制法】

准确称取头孢氨苄、淀粉、羟丙基纤维素混匀，加淀粉浆适量，制成均匀软材，20 目尼龙筛制粒，80℃干燥，20 目筛整粒，加入硬脂酸镁，混匀，装入 1 号胶囊。

例 4.10　速效伤风胶囊

【处方】

对乙酰氨基酚（100 目）2500g　　滑石粉（100 目）20g

氯苯那敏（100 目）30g　　　　　糊精（100 目）60g

咖啡因（100 目）150g　　　　　70% 乙醇适量

人工牛黄 10g

【制法】

按处方量称取对乙酰氨基酚、氯苯那敏、咖啡因、糊精、滑石粉于混合机中 30min，混匀，倒入包衣锅内，用 70% 乙醇间歇喷洒在细粉上，使成小颗粒丸，选出合格的白色颗粒丸，50～60℃干燥。

牛黄颗粒制法：称取 10g 牛黄粉，10g 混匀的自料粉，加入锅内混匀，间歇喷入 70% 乙醇，使成黄色颗粒小丸。

色素颗粒的制法：将制得的白色颗粒，称取两等份，分别装入包衣锅内，一份间歇喷入红色乙醇液（70%），一份间歇喷绿色的乙醇液（70%），滚成小丸，烘干。

测半成品含量，计算胶囊重，最后按比例将 4 种颜色的颗粒装入胶囊中。白色颗粒：牛黄颗粒：绿色颗粒：红色颗粒 = 368g：20g：10g：10g。

【工艺要点】

①原辅料均需过 100 目筛，使得到均匀的微粒，以保证母粒及泛粒的质量。

②制成颗粒后，应立即干燥，注意铺筛厚度不要太厚，以免丸剂变形。

③为防止颗粒抛光和上色后，影响崩解时限，可酌情加入适量的崩解剂，如羧甲基纤维素钠。

例 4.11　维生素 AD 胶囊

【处方】

维生素 A 3000U　甘油 55 ~ 66 份　维生素 D 300U　水 120 份

明胶 100 份　　　鱼肝油或精制食用植物油适量

【制法】

①用鱼肝油或精制食用植物油将维生素 A 与维生素 D 溶解，使其浓度为每丸含维生素 A 标示量的 90.0% ~ 120.0%，含维生素 D 为标示量的 85.0% 以上，将其作为药液。②将甘油及水在 70 ~ 80℃下加热，放入明胶进行搅拌，使其溶化后，保温 1 ~ 2h，除去上浮的泡沫，维持温度。③采用滴制法制备时，以液状石蜡作为冷却剂。④用纱布拭去冷凝胶丸上黏附的冷凝剂，置于室温，冷风吹 4h 后，于 25 ~ 35℃下干燥 4h，再经石油冲洗两次（每次 3 ~ 5min）除去胶丸外层液状石蜡，用 95% 乙醇洗一次，最后经 30 ~ 35℃烘约 2h，筛选，检查质量，包装，即得。

【分析】

①本品主要用于防治夜色盲、角膜软化、眼干燥、表皮角化等及佝偻病的软骨病。

②用药典规定的维生素 A、维生素 D 混合药液，取代了传统的从鲨鱼肝中提取的鱼肝油，从而使维生素 A、维生素 D 含量易于控制。

第五章　半固体制剂技术

膏剂又称为半固体制剂，是指有效组分与适宜基质均匀混合制成的具有适当黏度的膏状制剂。在生活中，半固体制剂随处可见，半固体制剂技术在药剂学上也有着越来越重要的作用。

第一节　软膏剂

一、概述

（一）概念

软膏剂（ointments）是指药物与油脂性或水溶性基质混合制成的均匀的半固体外用制剂。其中用乳剂型基质制成的软膏剂称乳膏剂（creams），油脂性基质制备的软膏剂习惯上称作油膏剂；以大量的固体粉末（一般在25%以上）均匀地分散在适宜的基质中所制成的软膏剂称糊剂。软膏剂的优点是有利于药物的稳定、刺激性小，但不易清洗，常见有红霉素软膏、金霉素软膏等。在研究开发皮肤用软膏剂时，应进行透皮吸收试验或者与原研药进行透皮吸收对比试验，以评价处方工艺的合理性。

（二）类型和特点

1. 软膏剂的类型

（1）按药物在基质中分散状态不同分类

按药物在基质中分散状态不同可分为：①溶液型（药物溶解或共熔于基质或基质组分中制成的软膏剂）；②混悬型（药物细粉均匀分散于基质中制成的软膏剂）；③乳剂型（药物溶解或分散于乳状液型基质中制成的均匀的软膏剂，分为 W/O 型和 O/W 型）。

（2）按基质性质和特殊用途分类

按基质性质和特殊用途可分为：油膏剂、乳膏剂、凝胶剂、糊剂和眼膏剂等。其中，凝胶剂为较新的剂型。

（3）按药物作用深度和广度分类

按药物作用深度和广度可分为：①仅作用于皮肤表面的软膏剂，如防裂软膏；②透过表皮，在皮肤内部发挥作用的软膏剂，如皮质激素类软膏；③透过皮肤，被吸收后在体内循环发挥全身治疗作用的软膏剂，如治疗心绞痛的硝酸甘油软膏等。

2. 软膏剂的特点

①均匀、细腻，涂在皮肤上无粗糙感觉；②有一定的黏性，易于涂抹于皮肤上；③性质稳定，受外界因素影响较小，无变质现象；④刺激性小，无过敏性及其他不良反应。

另外，用于烧伤或严重创伤的软膏剂应预先经过灭菌。

（三）性质

软膏剂的热敏性和触变性使其能在长时间内紧贴、黏附或铺展在用药部位。软膏剂主要起保护创面、润滑皮肤和局部治疗作用，广泛用于皮肤科和外科，易涂布或粘贴于皮肤、黏膜或创面上。某些药物经透皮吸收后亦能产生全身作用，如硝酸甘油软膏用于治疗心绞痛。

（四）质量要求

软膏剂在生产和储存期间应符合下列规定：①所选择基质应具有适当的黏稠度，易于涂抹于皮肤或黏膜上，与主药不发生配伍变化，不影响主药的稳定性；②涂于皮肤或黏膜上应无刺激性、过敏性等不良反应；③无酸败、异臭、变色、变硬现象，乳膏剂也不得有油水分离和胀气现象；④根据需要可加入保湿剂、防腐剂、增稠剂、抗氧剂及透皮吸收剂；⑤用于创面（如大面积烧伤、严重损伤等）的软膏应无菌；⑥应遮光密闭贮存。

二、软膏剂的基质和附加剂

（一）软膏剂基质

基质作为软膏的赋形剂占软膏组成的绝大部分，赋予了软膏剂一定的理化特性[23]。软膏剂基质应满足以下要求：①润滑无刺激，稠度适宜，方便涂抹；②不影响主药的稳定性且与主药不发生配伍变化；③无生理活性、刺激性和过敏性；④有一定的吸水性；⑤不妨碍皮肤的正常功能，具有良好释药性；⑥易洗除，不污染衣物。

各种基质都有各自的优缺点，目前还没有单一基质能满足以上要求，在实际使用中应根据治疗目的、药物和基质的性质及用药目的等选择。

1. 油脂性基质

油脂性基质属于强疏水性物质，包括烃类、类脂及动、植物油脂等，以烃类基质凡士林最为常用。

此类基质的特点是[9]：①润滑、无刺激性，能与多种药物配伍；②涂在皮肤上能形成封闭性油膜，保护皮肤和创伤面，减少皮肤水分的蒸发，使皮肤柔润，有防止干裂和软化痂皮的作用；③稳定性较好，不易长菌；④释药性差，油腻性大且妨碍皮肤的正常功能，该类基质一般不单用，常加入表面活性剂增加其亲水性。

（1）烃类

①凡士林（vaselin）。又称软石蜡，是多种烃类组成的半固体混合物，熔程为38～60℃，凝固点48～51℃，凡士林性质稳定，无臭味，无毒、无刺激性，不会酸败，能与多种药物配伍，特别适用于不稳定的药物如抗生素等。凡士林油腻性大且吸水性差，仅能吸收其重量约5%的水分，故不适用于急性而且有多量渗出液的患处，不能与较大量的水性溶液混合均匀。若凡士林中加入适量羊毛脂、胆固醇或某些高级醇类可提高其吸水性能，如在凡士林中加入15%羊毛脂可吸收水分达50%；水溶性药物与凡士林配合时，还可加适量表面活性剂（如聚山梨酯类）于基质中以增加其亲水性。凡士林具有黏稠性和涂展性，可单独作软膏基质，也可与蜂蜡、石蜡、硬脂酸、植物油融合搭配使用。凡士林涂在皮肤上能形成封闭性油膜，可保护皮肤和创伤面，能减少皮肤水分的蒸发，促进皮肤水合作用，使皮肤柔润，有防止干裂和软化痂皮的作用。

②石蜡（paraffin）与液状石蜡（liquid paraffin）。石蜡为固体饱和烃混合物，熔程为50～65℃，与其他基质融合后不会单独析出，故优于蜂蜡，用于调节软膏的稠度；液状石蜡为液体饱和烃的混合物，能与多数脂肪油或挥发油混合，以调节软膏的稠度。在油脂性基质或W/O型软膏中用以与药物粉末共研，以利于药物与基质混合。

（2）油脂类

油脂类是从动物或植物中得到的高级脂肪酸甘油酯及其混合物，如植物油、豚脂等。通常所用的植物油包括花生油、芝麻油、棉籽油等，主要用于调节基质的稠度或作为乳剂型基质的油相。植物油因分子结构中存在不饱和键稳定性不好（如烃类），遇光、空气、高温等易氧化酸败，用时应酌情添加抗氧剂；或将植物油氢化成稳定性较好的氢化植物油作基质用。豚脂等动物油脂因稳定性差，已很少使用[1]。

（3）类脂类

类脂类是指高级脂肪酸与高级脂肪醇化合而成的酯及其混合物，有类似脂肪的物理性质，但化学性质较脂肪稳定，且具有一定的表面活性作用及吸水性能，多与油脂类基质合用。

①羊毛脂（lanolin）。一般指无水羊毛脂，为淡棕黄色、黏稠、微具特殊臭味的半固体，熔程为 36～42℃。羊毛脂有良好的吸水性，由于其黏性大，常与凡士林合用。为取用方便常吸收 30% 的水分以改善黏稠度，称为含水羊毛脂。

②蜂蜡（beeswax）与鲸蜡（spermaceti）。蜂蜡的主要成分为棕榈酸蜂蜡醇酯，熔程为 62～67℃，鲸蜡的主要成分为棕榈酸鲸蜡醇酯，熔程为 42～50℃。两者均含少量的游离高级脂肪醇而具一定的表面活性作用，不易酸败，稳定性较好。

（4）硅酮类

硅酮类是高分子有机硅的聚合物，俗称硅油。本品为无色、无臭的淡黄色透明油状液体，疏水性强，具有很好的润滑作用且易涂布，对皮肤无刺激性但对眼有刺激性，不宜作为眼膏剂基质。它具防水功能，对氧和热稳定，常与油脂型基质合用制成防护性软膏。常用于乳膏中作润滑剂，最重要的化合物是二甲硅油。

2. 水溶性基质

水溶性基质由天然或合成的水溶性高分子物质组成，能在水中溶解形成胶体或溶液而制成半固体的软膏基质。常用的水溶性基质主要是聚乙二醇类，甘油明胶、纤维素衍生物类和聚羧乙烯等。

此类基质的特点是：①无油腻性，易涂展、易洗除；②能吸收组织渗出液，常用作腔道黏膜或防油保护性软膏的基质；③释放药物较快；④较易霉变，锁水性较差，常需加入防腐剂和保湿剂。

（1）聚乙二醇类（PEG）

聚乙二醇是乙二醇的高分子聚合物，通常在名称后附有分子量数值以表明品种，药剂中常用的平均分子量在 300～6000。物理性状随分子量的增大而由液体逐渐过渡到蜡状固体。此类基质具有强烈的亲水性，易溶于水，适合皮肤局部用药，具有不堵塞毛孔，易清洗的优点。聚乙二醇类不宜用于遇水不稳定的药物的软膏，和许多其他药物如苯酚、碘、碘化钾、山梨醇、鞣酸、银、汞和铋的金属盐产生配伍禁忌，本类基质可降低季铵盐化合物和尼泊金的抑菌活性，可使青霉素和杆菌肽迅速失活。

例 5.1 含聚乙二醇的水溶性基质

【处方】

聚乙二醇－4000 400g 聚乙二醇－400 600g

【制法】

取两种成分混合，在水浴上加热至 65℃，搅拌均匀，冷凝即得。

【注解】

聚乙二醇－4000 是蜡状固体，熔程为 50～58℃，聚乙二醇－400 是黏稠液体，两者用量比例不同可调节乳膏稠度，以适应不同气候和季节的需要。

（2）甘油明胶

甘油明胶是由甘油、明胶、水加热制成的，一般明胶用量为 1%～3%，甘油用量为 10%～30%。本品温热后易涂布，涂后形成一层保护膜，有弹性，使用时较舒适。

（3）纤维素衍生物

常用甲基纤维素（MC）、羧甲基纤维素钠（CMC-Na）等，前者仅溶于冷水，后者在冷水、热水中均能溶解。CMC-Na 是阴离子型化合物，遇酸、多价金属离子及阳离子型药物均可形成沉淀，应予以避免。

（4）聚羧乙烯

聚羧乙烯的商品名为卡波普，是丙烯酸与丙烯基蔗糖交联的高分子聚合物，按黏度不同有 934、940、941 规格。它易溶于水形成低黏度的酸性溶液，加碱中和后形成透明而稠厚的凝胶。本基质无油腻感，涂用舒适，特别适宜治疗脂溢性皮肤病。

3. 乳剂型基质

乳剂型基质又称乳状液型基质，由油相、水相和乳化剂三种组分组成。

常用的油相多为固体和半固体物质，水相多为纯化水、药物的水溶液及一些亲水性的物质。

乳剂型基质的特点是：①对水和油都有一定的亲和力，不妨碍皮肤表面的水分蒸发和皮肤的其他正常功能；②药物的释放和透皮吸收较其他基质快（尤其是 O/W 型基质）；③由于基质中水分的存在，增强了润滑性，易于涂布；④油腻性小，较油脂性基质易于洗除。乳剂型基质不宜用于遇水不稳定的药物（如金霉素、四环素等），适用于亚急性、慢性、无渗出液的皮肤损伤和皮肤瘙痒症，忌用于糜烂、溃疡、水疱及脓疱症。

乳剂型基质有水包油型（O/W）和油包水型（W/O）两类。O/W 型乳状基质与雪花膏类护肤品类似，俗称"雪花膏"。乳剂型基质无油腻性，能与大量水混合，但其易霉变，水分易蒸发，常需加入防腐剂和保湿剂（如甘油、丙二醇、山梨醇等）；O/W 型基质因其吸收的分泌物可重新进入皮肤（反向吸收）而使炎症恶化，故不适用于分泌物较多的皮肤病（如湿疹等）。W/O 型乳剂型基质因外观似护肤脂，使用后水分从皮肤慢慢蒸发时有和缓的冷却作用，俗称"冷霜"，主要用作润肤剂，也可作为含药乳膏基质；其油腻性较不含水的油脂性基质小，易涂布，稳定性、润滑性、保护性较 O/W 型好，但吸水量少，不能与水混合。

乳化剂在乳剂型基质类型的形成中起主要作用，乳剂型基质常用的乳化剂有以下几种。

（1）肥皂类

①一价皂。用钠、钾、铵的氢氧化物及硼酸盐、碳酸盐或三乙醇胺等有机碱与脂肪酸作用生成的一价新生皂，为 O/W 型乳化剂。一般认为皂类的乳化能力随脂肪酸中碳原子数（12~18）增加而递增，但在 18 以上这种性能又降低，故硬脂酸是最常用的脂肪酸，其用量为基质总量的 10%~25%，其中的一部分（15%~25%）与碱发生反应生成肥皂。

此类基质易被酸、碱、钙、镁、铝等离子或电解质破坏，因此不宜与酸性或强碱性药物配伍。一价皂为阴离子型表面活性剂，忌与阳离子型表面活性剂及阳离子药物等配伍，如醋酸氯己定、硫酸庆大霉素等。

例 5.2　以三乙醇胺皂为乳化剂的乳剂基质

【处方】

硬脂酸 120g	单硬脂酸甘油酯 30g	三乙醇胺 4g	羊毛脂 50g
液状石蜡 60g	羟苯乙酯 1g	凡士林 10g	甘油 50mg

纯化水加至 1000g

【制法】

取硬脂酸、单硬脂酸甘油酯、羊毛脂、凡士林和液状石蜡置于适当容器中，加热熔化，保温 75～80℃，另取三乙醇胺、甘油和羟苯乙酯与蒸馏水混匀，加热至相同温度，缓缓加入油相中，边加边搅拌，直至完全乳化，继续搅拌至冷凝，即得。

【注解】

本处方中的三乙醇胺与部分硬脂酸作用生成 O/W 型乳化剂，即三乙醇胺皂。三乙醇胺皂的耐酸、耐电解质性能比一般碱金属皂好，碱性较弱，能制成稳定、细腻并带有光泽的 O/W 型乳剂基质，广泛用作软膏的乳化剂。

②多价皂。由二价、三价金属氧化物与脂肪酸作用形成，如硬脂酸钙、硬脂酸镁、硬脂酸铝等。此类基质在水中解离度小，亲油性强于亲水性，HLB 值小于 6，是 W/O 型乳化剂。

例 5.3　以含多价钙皂为乳化剂的乳剂基质

【处方】

硬脂酸 12.5g	单硬脂酸甘油酯 17.0g	蜂蜡 5.0g　地蜡 75.0g
液状石蜡 410.0mL	白凡士林 67.0g	双硬脂酸铝 10.0g
氢氧化钙 1.0g	羟苯乙酯 1.0g	纯化水 401.5g

【制法】

取硬脂酸、单硬脂酸甘油酯、蜂蜡、地蜡在水浴上加热熔化，再加入液状石蜡、白凡士林、双硬脂酸铝，加热至 85℃，另将氢氧化钙、羟苯乙酯溶于蒸馏水中，加热至 85℃，逐渐加入油相中，边加边搅，直至冷凝。

【注解】

处方中氢氧化钙与部分硬脂酸作用形成的钙皂及双硬脂酸铝（铝皂）均为 W/O 型乳化剂，水相中氢氧化钙为过饱和态，应取上清液加至油相中。

（2）脂肪烷基硫酸钠类

常用的有十二醇硫酸酯钠（sodium lauryl sulfate），又名月桂硫酸钠，是阴离子型表面活性剂，为优良的 O/W 型乳化剂。本品为白色或微黄色结晶，水溶液呈中性，对皮肤刺激性小。在广泛的 pH 范围内稳定，能与肥皂、碱类，钙、镁离子配伍，但与阳离子表面活性剂及阳离子药物如盐酸苯海拉明、盐酸普鲁卡因等配伍后，基质即被破坏。常用的辅助乳化剂还有十六醇及十八醇等。

例5.4 以十二醇硫酸酯钠为乳化剂的乳剂基质

【处方】

十八醇 200g　　　白凡士林 200g　　十二醇硫酸酯钠 10g　　甘油 120g

羧苯乙酯 1g　　纯化水加至 1000g

【制法】

油相：取十八醇与白凡士林加热熔化，并保持在 75℃。水相：取十二醇硫酸酯钠、羧苯乙酯、甘油，溶于纯化水中，加热至与油相同温度，搅拌下缓缓加入油相中，搅拌至凝固。

【注解】

本处方中十二醇硫酸酯钠为主要乳化剂。十八醇既是油相，又起辅助乳化作用及稳定作用，并可调节基质的稠度。白凡士林为油相。甘油为保湿剂，并有助于防腐剂羧苯乙酯的溶解。

（3）高级脂肪醇

常用的有十六醇（cetyl alcohol）及十八醇（stearyl alcohol），十六醇即鲸蜡醇，熔程 45~50℃，十八醇即硬脂醇，熔程 56~60℃，均为弱 W/O 型乳化剂，白色固体，不溶于水，但有一定的吸水能力，与凡士林混合后，可增加凡士林的吸水性。

（4）多元醇酯类

①硬脂酸甘油酯。本品为单、双硬脂酸酯的混合物，不溶于水，溶于热乙醇及乳剂型基质的油相中，有一定亲油性，是一种较弱的 W/O 型乳化剂，白色蜡状固体，熔点不低于 55℃，HLB 值为 3.8。常作为反型乳化剂，与较强的 O/W 型乳化剂如十二烷基硫酸钠合用，制备 O/W 型乳剂基质。其与一价皂或月桂硫酸钠等较强的 O/W 型乳化剂合用时，可增加乳剂型基质的稳定性，用量为 3%~5%。

②脂肪酸山梨坦与聚山梨酯类。商品名称为司盘与吐温类，前者 HLB 值在 4.3~8.6，为 W/O 型乳化剂；后者 HLB 值在 10.5~16.7，为 O/W 型乳化剂。这两类非离子型表面活性剂均无毒，中性，对热稳定，对皮肤比离子型乳化剂刺激性小，并能与酸性药物或电解质配伍。它们均可单独制成乳状基质，但通常与其他乳化剂或增稠剂合用，调整 HLB 值可以使基质稳定。吐温类与碱、金属盐类、酚类及鞣酸均有配伍变化；吐温还可以降低某些防腐剂如对羟苯甲酯、苯扎氯铵、苯甲酸的活性，但通过适当增加防腐剂的用

量可以克服。

例 5.5 以吐温 80 为乳化剂的乳剂基质

【处方】

单硬脂酸甘油酯 85g 硬脂酸 150g 甘油 75g 吐温 80 30g 山梨酸 2g

白凡士林 120g 司盘 80 16g 纯化水加至 1000g

【制法】

取硬脂酸、白凡士林、单硬脂酸甘油酯、司盘 80 加热熔化，并保持 80℃；另取吐温 80、甘油、山梨酸溶于纯化水中，并加热至 80℃；在搅拌下将油相加入水相，搅拌至冷凝。

【注解】吐温 80 为主要乳化剂，此例是将其作为 O/W 型乳剂基质使用；司盘 80 用以调节适宜的 HLB 值，并起稳定作用；单硬脂酸甘油酯起稳定作用，可调节基质稠度，使制得的乳剂光亮细腻。

（5）聚氧乙烯醚的衍生物类

常用的有平平加 O（peregol O）和乳化剂 OP，前者为脂肪醇聚氧乙烯醚类，后者为烷基酚聚氧乙烯醚类。两者均是非离子型表面活性剂，HLB 值为 14～16，属 O/W 型乳化剂，单独使用不能制成稳定的乳剂型基质，为调节 HLB 值，常与其他乳化剂或辅助乳化剂配合使用。两者性质稳定，均耐酸、碱、金属盐，但水溶液中如有大量的金属离子如铁、锌、铜等时，会使乳化剂 OP 的表面活性降低。两者均不宜与含有酚羟基的药物配伍，以免形成配合物，破坏乳剂基质。

（二）软膏剂的附加剂

在软膏剂中，特别是含有水、不饱和烃类、脂肪类基质时，还常常需要加入抗氧剂、防腐剂等附加剂以防止药物及基质的污染或氧化变质。

1. 抗氧剂

软膏中的某些活性成分、油脂类基质易氧化酸败，为增加稳定性可在软膏中添加抗氧剂。常用的抗氧剂有没食子酸烷酯、维生素 E、抗坏血酸、亚硫酸盐等。为了加强抗氧剂的作用，也可酌情加入抗氧剂的辅助剂，通常是一些螯合剂，如枸橼酸、酒石酸、依地酸二钠盐等。

2. 防腐剂

乳剂型基质、水溶性基质易受微生物的污染，局部应用的软膏制剂尤其是用于破损及炎症皮肤应不含微生物。防腐剂应有较强的杀菌或抑菌能力，常用的防腐剂有三氯叔丁醇、苯甲酸、醋酸苯汞、对羟基苯甲酸酯类等。

3. 表面活性剂

在软膏基质中添加表面活性剂，可增加基质的吸水性、可洗性，还对药物有促渗的效果。可选择使用的表面活性剂有非离子型表面活性剂、阴离子型表面活性剂，常用非离子型表面活性剂，刺激性较小，一般以加入 1% ~ 2% 为宜。

4. 促透剂

促透剂是促进药物穿透皮肤屏障的一类物质，用于增加局部应用药物的渗透性，增加透皮吸收。

（1）二甲基亚砜（DMSO）

本品具有强吸湿性，可提高角质层的水合作用，是应用比较广泛的促透剂。缺点是有异臭，使用浓度较高时，可引起皮肤发红、瘙痒、脱屑、过敏等症状。

（2）氮酮（azone）

是一种新型的高效低毒促透剂。本品为无色、无味的液体，不溶于水，有润滑性，对人的皮肤、黏膜无刺激，毒性小。但是，某些辅料能影响氮酮的活性，如少量凡士林会消除氮酮的作用。氮酮对低浓度药物的作用较强，药物浓度升高，作用减弱。

三、软膏剂的制备

制备软膏剂的基本要求：必须使药物在基质中分布均匀、细腻，以保证药物剂量准确及药效良好。软膏剂的质量与制备方法和药物加入方式有密切关系[24]。

油脂性基质一般需要进行处理。油脂性基质若质地纯净可直接取用，在工厂大规模生产或混有机械性异物时则需要进行加热、过滤及灭菌处理。一般在加热熔融后采用数层细布或 120 目铜丝筛网趁热过滤，然后用蒸汽加热 150℃保持 1h，起到灭菌和除去水分的作用。忌用直火加热，以防起火，常用耐高压的蒸汽夹层锅加热。

（一）制备方法及设备

软膏剂的制法可分为研合法、熔合法和乳化法 3 种。需根据软膏剂类型、生产规模及设备条件选择合适的制备方法。

1. 研合法

在常温下将基质与药物通过研磨而均匀混合的制备方法称为研合法。研合法制备软膏剂工艺流程如图5-1所示。此法适用于小量制备，且药物不耐热，也不溶于基质者。

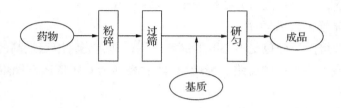

图5-1　研合法制备软膏剂工艺流程

先将药物粉碎过筛，再加入少量基质研磨混合，用等量递加法加入其余基质，研匀即得。此法适用于少量制备（如100g以内）的软膏，常在软膏板上用软膏刀进行配制或在乳钵中碾和；大量制备时需要采用电动乳钵[25]。

2. 熔合法

熔合法是将基质加热熔化后，将药物分次逐渐加入，边加边搅拌，直至冷凝成软膏的制备方法，主要用于对热稳定药物的油脂性基质软膏的大量制备，特别适用于含固体成分的基质的制备。熔合法制备软膏剂工艺流程如图5-2所示。

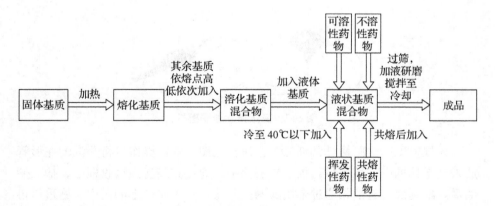

图5-2　熔合法制备软膏剂工艺流程

（1）基质的净化与灭菌

凡士林、液状石蜡等油脂性基质均应先加热熔化后，用数层细布（绒布或绸布）或 120 目铜丝筛网趁热滤过除去杂质，如需经灭菌的基质，可再分别加热至 150℃灭菌 1h 以上，并除去水分。如用蒸汽加热则需用耐高压的夹层锅，一般蒸汽压力要达到 4.5~5kg/cm²。

（2）基质的加入顺序

为使低熔点组分免受不必要的高温作用，通常先将熔点最高的基质加热熔化（如室温为固体的石蜡、蜂蜡），然后将其余基质依次按照熔点高低顺序逐一加入[26]。

（3）药物的加入方法

若药物能溶于基质，搅拌均匀后冷却即可；如药物不溶于基质，必须先研成细粉后再筛入熔化或软化的基质中，再搅拌混合均匀，在熔融及冷凝过程中，均应不断搅拌，直至冷凝为止。

目前，常用三滚筒软膏研磨机进一步研匀直至无颗粒感。三滚筒软膏研磨机的主要构造是由三个平行的滚筒和传动装置组成，第一与第二两个滚筒上装有加料斗，滚筒间的距离可调节。操作时滚筒如图 5-3 所示方向，以不同的速度转动，转动较慢的滚筒 1 上的软膏能被速度较快的中间滚筒 2 带动，并被另一个速度更快的滚筒 3 卷过来，经过刮板而进入接收器中，软膏受到挤压和研磨，固体药物被研细且与基质混匀。

图 5-3　三滚筒软膏研磨机

大规模生产油脂性乳膏剂的工艺流程见图 5-4。操作时将蒸汽的蛇形管放入凡士林桶中，熔化后，抽入夹层锅中，通过布袋滤入接收桶中，抽入储油槽。配制前先将油相通过金属滤网接头滤入置于磅秤上的桶中，称重后再通过另一滤网接头滤入混合器中，开动搅拌器，加入药物混合，再由锅底输出，通过齿轮泵又回到混合器中，如此回流 0.5~1h，将乳膏通过出料管（顶端夹层保温）输入自动乳膏填充机的加料漏斗中进行填充即可。

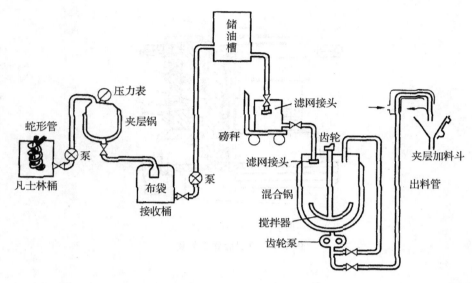

图5-4　大规模生产软膏剂工艺流程

3. 乳化法

乳化法是专供制备乳膏剂的方法。乳膏剂是非均相体系。将油溶性物质和油脂性组分放在一起加热至80℃左右使熔化，用细布过滤；另将水溶性成分溶于水，并加热至较油相温度略高，在不断搅拌下将水相慢慢加入油相中，并搅拌直至乳化完成并冷凝成膏状物。油、水相均不溶解的组分最后加入，混匀。在搅拌过程中尽量防止空气混入软膏剂中，如有气泡存在，一方面会使制剂体积增大；另一方面也会使制剂在储藏和运输中发生腐败变质。如大量生产，在乳膏冷凝至30℃左右时，再用胶体磨或研磨机研磨，得到更加细腻、均匀的产品。胶体磨原理见图5-5，立式胶体磨结构见图5-6，乳化法生产过程见图5-7。

乳化法中水、油两相的混合有3种方法：

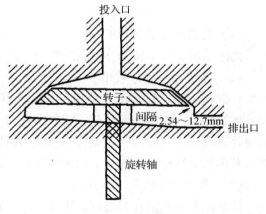

图5-5　胶体磨原理

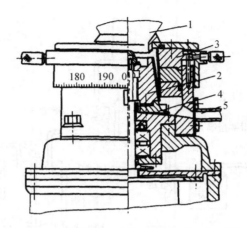

1—料斗；2—转子；3—定子；4—离心盘；5—出口

图 5-6　立式胶体磨结构

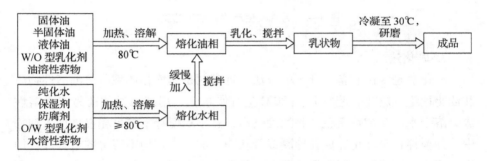

图 5-7　乳化法生产过程

（1）分散相加到连续相中

此法适用于含小体积分散相的乳剂系统。

（2）连续相加到分散相中

在混合初期，分散相大于连续相，所以搅拌开始形成的是分散相为外相、连续相为内相的反型乳剂，随着连续相的不断加入，内相量逐渐上升，在搅拌下乳剂发生转型，由反型转变为预期的乳剂类型。用此法制得的乳剂，其内相分散得更加细小。此法适用于多数乳剂系统。

（3）两相同时加入，不分先后

常用设备为真空乳匀机及输送泵、连续混合装置等相应设备。工业生产乳剂型软膏工艺流程如图 5-8 所示，乳膏的油相配制是将油相混合物的组分放入带搅拌的反应罐中进行熔融，混合加热至 80% 左右，通过 200 目筛过滤；水相配制是将水相组分溶解在蒸馏水中，加热至 80℃，过滤；固体物料可直接加入配制罐内，也可加入水相或油相后再加入配制罐，根据生产需要和药物的性质而定。此法适用于连续的或大批量生产。

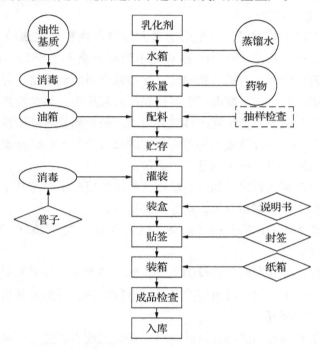

图 5-8　工业生产乳剂型软膏工艺流程

在乳剂软膏的制备过程中，两相温度、混合时间，以及搅拌、匀化操作都是关键步骤，如果采用自动控制设备，配制罐的温度、混合时间的调节及搅拌、匀化速率都能够得到自动控制。产品混合物内应尽量避免混入空气，因为空气可导致乳膏不稳定，产品密度有差异，进而造成分剂量包装时装量差异不合格。混入空气的现象，可以发生在混合和匀化过程中、产品向贮罐或灌装线的传输过程中，也可以发生在灌装操作或包装过程中。

为避免空气的混入，有三种有效的控制方法：①在加料时应避免物料飞溅；②加入液体时应将入口置于液面以下；③在调整混合参数和液体流动模式时应注意避免产生涡流。

（二）药物加入的方法

为了减轻软膏在患病部位的刺激性，制剂必须均匀细腻，不含固体粗粒，且药物粒子越细，对药效的发挥越有利。软膏剂制备时常根据药物的性质决定药物的加入方法。

①药物不溶于基质时，应先用适宜方法将药物粉碎成细粉（粒度全部小于180μm，95%小于150μm，眼膏剂中粒度要全部小于75μm）。研合法制备时，药粉先用液状石蜡、植物油、甘油或水研磨成糊状，再加入其余基质。熔融法制备时，在不断搅拌下将药粉加入基质中，继续搅拌至冷凝。

②可溶于基质中的药物宜溶解在基质的组分中制成溶液型软膏。

③某些在处方中含量较小的药物如皮质激素类、生物碱盐类等，可用少量适宜的溶剂溶解后，再加至基质中混匀。

④半固体黏稠性药物，如鱼石脂中某些极性成分不易与凡士林混匀，可先加等量蓖麻油或羊毛脂混匀，再加入基质中。

⑤对于遇水不稳定的药物（如某些抗生素类），宜用液状石蜡研匀，再与油脂性基质混合。

⑥共熔性成分共存时，如樟脑、薄荷脑、麝香草酚等可先研磨至共熔后再与基质混匀；单独使用时可用少量适宜溶剂溶解，再加入基质中混匀，或溶于约40℃的基质中。

⑦加入受热易破坏或挥发性药物时，基质温度不宜过高。采用熔合法或乳化法制备时，应待基质冷却至40℃以下再加入，以减少破坏或损失。

四、典型实例

（一）油脂性基质软膏处方

例5.6　复方苯甲酸软膏

【处方】

苯甲酸120g　水杨酸60g　液状石蜡100g　石蜡适量　羊毛脂100g
凡士林加至1000g

【制法】

取苯甲酸、水杨酸细粉（过100目筛），加液状石蜡研成糊状；另将羊毛脂、凡士林、石蜡加热熔化，经细布滤过，温度降至60℃以下时加入上述药物，搅匀并至冷凝。

【注解】

①本品用熔合法制备，处方中石蜡的用量根据气温而定，以使软膏有适宜稠度；②苯甲酸、水杨酸在过热基质中易挥发，冷却后会析出粗大的药物结晶，因此配制温度宜控制在 50℃ 以下；③水杨酸与铜离子、铁离子可生成有色化合物，因此配制时应避免与铜、铁器皿接触。

（二）乳剂型基质软膏处方

例5.7　醋酸氟轻松软膏

【处方】

醋酸氟轻松 0.25g	硬脂酸 150g	二甲基亚砜 10g	白凡士林 250g
羊毛脂 20g	甘油 50g	十二烷基硫酸钠 20g	羟苯乙酯 1g

纯化水加至 1000g

【制法】

取甘油、十二烷基硫酸钠、羟苯乙酯溶于水中，80℃ 保温；另取硬脂酸在水浴上加热熔融，加入白凡士林和羊毛脂，加热至与上述水相温度相同，在不断搅拌下将油相加入水相中，充分搅拌，最后加入溶有醋酸氟轻松的二甲基亚砜溶液，搅拌至室温即得。

【注解】

①本品为 O/W 型乳膏剂。甘油、十二烷基硫酸钠、羟苯乙酯、二甲基亚砜为水相成分，硬脂酸、白凡士林、羊毛脂为油相成分。处方中十二烷基硫酸钠为乳化剂，甘油为保湿剂，羟苯乙酯为防腐剂，二甲基亚砜为促透剂。②醋酸氟轻松不溶于水，但能溶于二甲基亚砜。制备软膏时，这样处理有利于小量药物的混合均匀。

五、软膏剂的质量评价与包装贮存

（一）质量检查

1. 粒度

除另有规定外，混悬型软膏取适量的供试品，涂成薄层，薄层面积相当于盖玻片面积，共涂 3 片，按照《中国药典》（2015 年版）四部通则 0982 第一法检查，均不得检出大于 180μm 的粒子。

2. 装量

按照最低装量检查法［《中国药典》（2015 年版）四部通则 0942］检查，应符合规定。

3. 微生物限度

除另有规定外，按照微生物限度［《中国药典》（2015 年版）四部通则 1105］检查，应符合规定。

4. 无菌

除另有规定外，软膏剂用于大面积烧伤及严重损伤的皮肤时，按照无菌检查法［《中国药典》（2015 年版）四部通则 1101］检查，应符合规定。

5. 主药含量

测定方法多采用适宜的溶媒将药物从基质中溶解提取，再进行含量测定。对于药品标准中收载的品种，按照《中国药典》（2015 年版）的有关规定进行。

（二）包装与贮存

1. 包装材料与方法

软膏剂常用的包装材料有锡管、金属盒、塑料盒等，大量生产时多采用锡、铝或塑料制的软膏管。包装材料不能与药物或基质发生理化作用，包装的密闭性好。

2. 软膏的贮藏

软膏剂应遮光密闭储存；乳膏剂应遮光密封、置 25℃ 以下储存，不得冷冻，储存中不得有酸败、异臭、变色、变硬现象，乳膏剂不得有油水分离及胀气现象，以免基质分层或药物降解而影响制剂的均匀性及疗效。

第二节　乳膏剂

一、概述

乳膏剂（creams）是指药物溶解或分散于乳状液型基质中形成的均匀的半固体外用制剂。乳膏剂由于基质不同，可分为 O/W 型乳膏剂与 W/O 型乳膏剂。乳膏剂比软膏剂应用更广泛，具有美观、易涂展、易清洗、载药方便、不污染衣物的优点，常见有咪康唑乳膏、酮康唑乳膏、克霉唑乳膏等多种，乳膏剂因为含有表面活性剂，一般较少用于破损皮肤和眼部，另外乳膏剂不适用于对水不稳定的药物。在研究开发皮肤用乳膏剂时，应进行透皮吸收试验或者与原研药进行透皮吸收对比试验，以评价处方工艺的合理性。

乳膏剂在生产和贮存期间应符合以下规定[5]：①所选择基质应具有适当的黏稠度，应均匀、细腻，涂于皮肤或黏膜上无刺激性，与主药不发生配伍变化，不影响主药的稳定性；②根据需要可加入保湿剂、防腐剂、增稠剂、抗氧剂及透皮吸收剂；③应无酸败、异臭、变色、变硬现象，无油水分离现象；④除另有规定，应遮光密封保存，宜置于25℃以下保存，不得冷冻。

二、乳膏剂的基质

乳膏剂的基质有 O/W 型与 W/O 型两类。基质形成的关键在于乳化剂的选择及油水相比例。一般 O/W 型乳剂基质中，药物的释放和穿透较其他基质快。但是，当 O/W 型乳剂基质用于分泌物较多的皮肤病时，可与分泌物一同重新进入皮肤而使炎症恶化。一般遇水不稳定的药物不宜用乳剂型基质。我们日常使用的护肤霜多为 O/W 型基质，其优点在于涂展舒适；缺点是 O/W 型乳剂基质易干涸、霉变，常加入保湿剂、防腐剂等。W/O 型基质由于涂于皮肤有油腻感，比较少用，W/O 型乳剂基质俗称冷霜。

乳膏剂的基质常用的乳化剂有皂类（以硬脂酸三乙醇胺—硬脂酸为代表）、脂肪醇硫酸钠类（以十二烷基硫酸钠为代表）、高级脂肪酸及多元醇酯类（以十八醇和单硬脂酸甘油酯为代表）、聚山梨酯类（以聚山梨酯 80 为代表）、脂肪酸山梨坦类（以司盘 80 为代表）、脂肪醇聚氧乙烯醚、聚乙二醇硬脂酸酯等，其中脂肪酸山梨坦类主要用于 W/O 乳膏剂的制备。

三、乳膏剂的制备

（一）制备方法

将处方中的油脂性和油溶性成分一起加热至一定温度（通常为 70～90℃），搅匀，作为油相，另将水溶性成分溶于水后一起加热至相同温度作为水相，混合油水相进行乳化至乳化完全（乳化 5～30min 不等），冷却至合适的温度灌装即得。

（二）生产中应注意的问题

①一般采用专门的均质乳化设备，实验室如果没有均质设备，可用搅拌代替；

②通常乳膏都是趁热在较稀状态下灌装；

③药物可溶解于水相或油相，对于在水相、油相都不溶的药物可以粉末形式加入到基质中，或者将药物溶解于丙二醇、甘油等溶剂后，再加入乳膏基质中，最后混匀；

④对热敏感的药物和挥发性药物应在乳膏基质冷却到适宜温度后加入。

四、典型实例

例5.8　以十二烷基硫酸钠为乳化剂制备乳膏基质

【处方】

十八醇10g　丙二醇10g　白凡士林4g　　　羟苯甲酯0.1g

羟苯丙酯0.05g　　　　十二烷基硫酸钠3g　蒸馏水加至100g

【制法】

将油相（十八醇、白凡士林）与水相（十二烷基硫酸钠、羟苯甲酯、羟苯丙酯、丙二醇、水）分别加热至85℃，搅拌下将水相加入油相中，继续搅拌使乳化完全，冷至室温即得。

【注解】

十二烷基硫酸钠为本品主要乳化剂，十八醇与白凡士林为油相成分，前者还起辅助乳化的作用，丙二醇为保湿剂，羟苯甲酯、羟苯丙酯为防腐剂。

例5.9　以聚山梨酯80为乳化剂制备乳膏基质

【处方】

硬脂酸6g　单硬脂酸甘油酯12g　白凡士林12g　聚山梨酯80 4g

丙二醇5g　山梨酸0.2g　　　　蒸馏水加至100g

【制法】

将油相（硬脂酸、单硬脂酸甘油酯、白凡士林）与水相（聚山梨酯80、丙二醇、山梨酸、水）分别加热至80℃，搅拌下将水相加入油相中，乳化至完全，冷却，灌装。

【注解】

聚山梨酯80为本品主要乳化剂，单硬脂酸甘油酯起辅助乳化作用，山梨酸为防腐剂。

例 5.10　盐酸布替萘芬乳膏的制备

【处方】

盐酸布替萘芬 1g　聚乙二醇 – 7 – 硬脂酸酯（TEFOSE63）15g

液状石蜡 6g　　　甘油 5g　三氯叔丁醇 0.5g　水加至 100g

【制法】

取处方量三氯叔丁醇、甘油及蒸馏水，加热至 80 ~ 90℃；取处方量自乳化剂 TEFOSE63、液状石蜡，加热至 80 ~ 90℃；将水相加入油相混合，均质乳化 15min；取处方量粉碎后的盐酸布替萘芬，加入到乳化基质中，充分混匀，冷却至室温，即得。

【注解】

盐酸布替萘芬为抗真菌药，聚乙二醇 – 7 – 硬脂酸酯为自乳化基质，在本产品中既作为油相基质同时也作为乳化剂，工艺简单。该乳化剂耐酸碱性较好，性能温和，可作为皮肤和阴道等部位的用药。

五、乳膏剂的质量检查

①性状。应均匀、细腻、油水不分离，可通过目测、涂抹试验、显微镜、离心、冷冻和高温试验来观察。

②主药含量、有关物质、pH 应符合各药物标准的规定。

③如产品中加入了防腐剂、抗氧剂，其含量应符合各药物标准的规定。

④粒度。如药物混悬于基质中，一般不得检出大于 180μm 的粒子。

⑤装量。应符合现行中国药典最低装量检查法的规定。

⑥无菌和微生物限度。用于烧伤或者严重创伤的乳膏剂应符合现行《中国药典》无菌检查法的规定，其他符合微生物限度检查法的规定。

第三节　眼膏剂

一、概述

（一）概念和类型

眼膏剂（eye ointments）是指由药物与适宜基质均匀混合，制成无菌溶液型或混悬型膏状的眼用半固体制剂。为保证药效持久，常用凡士林与羊毛脂等混合油性基质。

眼膏剂较一般滴眼剂在用药部位滞留时间长，疗效持久，能减轻眼睑对眼球的摩擦，有助于角膜损伤的愈合；眼膏剂所用的基质刺激性小，不含水，更适合于遇水不稳定的药物。但使用后有油腻感，并在一定程度上造成视力模糊，因此，一般在睡前使用。

眼膏剂在生产和贮存期间应符合以下规定[10]：①基质应过滤并灭菌，不溶性药物应预先制成极细粉；②应均匀、细腻、无刺激性，并易涂布于眼部，便于药物分散和吸收；③除另有规定外，每个包装的装量应不超过5g；④开启后最多用4周。

（二）质量要求

由于用于眼部，眼膏剂中的药物必须极细，对眼部无刺激，稠度适当，易涂布于眼部；无微生物污染，成品不得检出金黄色葡萄球菌和绿脓杆菌。必要时可酌加抑菌剂，每个包装的装量应不超过5g。用于眼部手术或创伤的眼膏剂应灭菌或按无菌操作法配制，并应按《中国药典》（2010版）二部附录无菌检查法检查，应符合规定，且不得加抑菌剂或抗氧剂。

二、眼膏剂的制备

眼膏剂的制备工艺与一般的软膏剂基本相同，但眼膏剂对其原材料要求、生产工艺及贮藏条件要求比较高。眼膏剂要求原料药纯度高，不得染菌；配制与分装须在清洁、无菌条件下操作，严防微生物污染；所用容器洗净并灭菌，或者对调制好的半成品进行灭菌。眼膏剂的制备流程如图5-9所示。

图5-9　眼膏剂的制备流程

（一）制备用具和包装容器等的灭菌

眼膏剂所用的基质、药物、器具、包装容器等均应严格灭菌，用具及包装容器等均须清洗干净，并根据物料性质及用量等情况尽可能采用最安全可靠的灭菌方法。制备用具如研钵、滤器、软膏板、软膏刀、玻璃器具及称量用具等，用前必须以70%乙醇擦洗，或洗净后150℃干热灭菌1h。大量生产所用器械如搅拌机、研磨机、填充器等预先洗净干燥后，用前须再用70%乙醇擦洗干净。包装容器如玻璃瓶、点眼棒、耐热塑料盒、耐热塑料盖等也可用干热灭菌。盛装眼膏用的锡管可先刷洗干净，再用70%乙醇或1%~2%苯酚溶液浸泡，用前用纯化水冲洗，已涂漆的锡管置于不超过60℃的烘箱中干燥，未涂漆的锡管洗净后用干热灭菌法灭菌，有的生产单位用紫外线灯照射灭菌，简便易行。包装用的不耐热的塑料软管可采用环氧乙烷或甲醛蒸气灭菌。在条件许可下，眼膏剂的灌装区应安装局部层流装置，以达到无菌的环境要求。

（二）眼膏剂常用的基质及灭菌

眼膏剂常用的基质一般为黄凡士林8份，液状石蜡和羊毛脂各1份；或凡士林85g、羊毛脂10g、石蜡5g的混合物。可根据气温适当增减液状石蜡（或石蜡）的用量以调节基质的稠度。此种基质由于羊毛脂的吸水性强，较单用黄凡士林，易于与泪液及水性药液混合，也容易附着在眼黏膜上，有利于药物的释放与吸收。基质应过滤灭菌，基质加热熔化后用细布或粗滤纸保温过滤，并经150℃干热灭菌至少1h，放冷备用。使用的基质应便于药物的分散和吸收，基质与药物应比较纯净而极细腻，不溶性药物应预先制成极细粉，不得有粒径大于75μm的颗粒[4]。

（三）主药的加入方法

易溶于水且性质稳定的药物，可先用少量灭菌纯化水溶解，再分次加入灭菌基质研匀制成。主药溶于基质时，可加热使之溶于基质，但挥发性成分则应在40℃以下加入，以免受热损失。主药不溶于水或不宜用水溶解又不溶于基质中时，可用适宜方法研制成极细粉末，再加入少量灭菌基质或灭菌液状石蜡研成糊状，然后分次加入剩余灭菌基质中研匀，灌装于灭菌容器中，严封[20]。

眼膏剂适用于配制对水不稳定的药物，如某些抗生素药物常配制成眼膏应用。因其不影响角膜上皮或角膜基质损伤的愈合，常作为眼科手术用药。

三、典型实例

例 5. 11　头孢哌酮钠眼膏的制备

【处方】

头孢哌酮钠 10g　无水羊毛脂 100g　液状石蜡 100g　黄凡士林 790g

【制法】

取无水羊毛脂 100g、黄凡士林 790g、液状石蜡 100g 置容器中加热融化后，趁热用灭菌双层纱布置漏斗中过滤，150℃干热灭菌 1h，放冷。将头孢哌酮钠加入眼膏基质中研磨均匀，分装，即得。

【注解】

大生产中可采用胶体磨等设备进行混匀。

例 5. 12　红霉素眼膏

【处方】

红霉素 5g　眼用基质加至 1000g

【制法】

取红霉素置于无菌乳钵中研细，加入适量灭菌基质研磨，研成细腻的糊状物，再分次递加剩余眼膏基质至全量，研匀无菌分装即得。

【注解】

本品用于沙眼、结膜炎、角膜炎、眼睑缘炎及眼外部感染。

四、眼膏剂的质量检查

《中国药典》（2015 年版）要求眼用制剂应进行以下相应检查。

（1）粒度

除另有规定外，混悬型眼用半固体制剂按照混悬型眼用半固体制剂检查法检查，粒度应符合规定。

（2）金属性异物

除另有规定外，眼用半固体制剂按照下述方法检查，金属性异物应符合规定。

（3）装量

眼用半固体按最低装量检查法检查，应符合规定。

（4）无菌

供手术、伤口、角膜穿透伤用的眼用制剂按无菌检查法检查，应符合规定。

（5）微生物限度

眼用半固体制剂除另有规定外，按微生物限度检查法检查，应符合规定。

要求眼用制剂在启用后最多使用 4 周。眼用制剂应遮光密封贮藏，温度不宜过高或过低，以免药物降解或基质分层影响疗效。

第六章　其他制剂技术

剂型是药物的传递体，将药物输送到体内发挥疗效。一般来说一种药物可以制成多种剂型，应根据药物的性质、不同的治疗目的选择合理的制剂。除前述的液体制剂、无菌制剂和固体制剂（散剂、颗粒剂、胶囊剂、片剂）外，还有栓剂、软膏剂、乳膏剂、凝胶剂、糊剂、气雾剂、粉雾剂、喷雾剂、浸出制剂、膜剂、滴丸剂等类型的半固体制剂、气体制剂和固体制剂。其中，栓剂、软膏剂等为常用外用制剂。

第一节　中药丸剂

一、概述

中药丸剂是指中药材细粉或药材提取物加适宜的黏合剂等辅料制成的球形固体制剂[27]，主要供内服。丸剂是我国传统剂型之一，目前仍是中成药的主要剂型（图6-1）。

图6-1　丸剂

丸剂的优点[8]：①生产技术和设备比较简单，制造成本相对低廉；②药材粉末可以直接与黏合剂挤压成丸，单位重量下能较多地容纳固体、半固体或黏液状药物；③丸剂服用后在胃肠道中溶解缓慢，药物逐渐释放，可减少药物的毒性和刺激性，适合于慢性病的治疗和调理；④成丸后可以通过包衣掩盖药物的不良臭味，并提高了药物的稳定性。

丸剂也有一些缺点，如有的丸剂服用剂量大，儿童和昏迷者吞服困难或无法吞咽；制备丸剂的药粉由原药材直接粉碎加工而成，容易受微生物的污染而发生霉变。

二、丸剂的分类

丸剂的种类较多，下面按不同的分类方法对常见的丸剂类型进行归纳。

（一）按辅料分类

（1）水丸

又称水泛丸，系指药材细粉用水或酒、醋、药汁等为赋形剂泛制而成的丸剂。

（2）蜜丸

系指药材细粉用蜂蜜味黏合剂制成的丸剂，重量在 0.5g 以下的称小蜜丸。

（3）水蜜丸

系指药材细粉用炼蜜和适量开水为黏合剂泛制而成的小球形丸剂。

（4）浓缩丸

系指药材或部分药材提取的清膏或浸膏，与适宜辅料或处方中其余药材细粉，用水、蜂蜜或蜂蜜和水为黏合剂制成的丸剂。

（5）糊丸

系指药材细粉用米糊或面糊等为黏合剂制成的丸剂。

（6）蜡丸

系指药材细粉用蜂蜡为黏合剂制成的丸剂（图6-2）。

（7）微丸

将普通的各类丸剂制成直径<2.5mm 的小丸（图6-3）。

图6-2 蜡丸

图6-3 微丸

（二）按制法分类

（1）泛制丸

如水丸及部分水蜜丸、浓缩丸、糊丸等。

（2）塑制丸

如蜜丸及部分糊丸、浓缩丸等。

（三）按工艺和形状分类

大蜜丸（即每丸在0.5g以上的丸）、小蜜丸、微丸、滴丸、浓缩丸等。

三、丸剂的制备

1. 泛制法

是在转动的容器中将药物细粉与赋形剂交替润湿、撒布，不断翻滚，逐渐增大的一种制丸方法。泛制法用于水丸、水蜜丸、糊丸、浓缩丸、微丸等的制备。以泛制法制备的丸剂又称为泛制丸[20]。

2. 塑制法

是在药材细粉中加入适量的黏合剂，混合均匀，制成软硬适宜、可塑性较大的团块，再制丸条、分粒、搓圆而成丸粒的一种制丸方法。塑制法可用于蜜丸、糊丸、浓缩丸、蜡丸等的制备。以塑制法制备的丸剂又称塑制丸。

四、辅料

（一）润湿剂

常用的润湿剂有水、酒、醋、水蜜、药汁等。水是泛丸中应用最广、最主要的赋形剂。水本身虽无黏性，但能润湿溶解药物中的黏液质、糖、淀粉、胶质等，润湿后产生黏性，即可泛制成丸。

（二）黏合剂

1. 蜂蜜

蜂蜜具有较好的黏合作用，含有大量营养成分，有滋补、镇咳、润燥、解毒等作用；黏合力强，制成的丸剂表面不易硬化、可塑性大，崩解缓慢，作用持久。蜂蜜含有大量还原糖，能防止易氧化的药物变质。

为了除去蜂蜜中的水分、杂质及杀死微生物、破坏酶类，以增加其黏合力及保障制成的丸剂能久贮，生蜜在使用前需加热炼制。根据炼制程度不同分为三种规格，即嫩蜜、中蜜（炼蜜）、老蜜，可根据处方中药物性质选用。

常压炼蜜系在蜂蜜中加入沸水适量使溶化，通过3~4号筛网以滤除杂质，滤液继续加热，并不断搅拌除沫，炼至所需规格。也可减压炼制蜂蜜，即将蜂蜜经稀释滤过后引入减压罐炼制至需要程度[12]。

2. 米糊或面糊

以米、糯米、小麦、神曲等的细粉加水加热制成糊，或蒸煮成糊。其中以糯米糊和面糊最常用。糊粉的用量可为药材细粉总量的5%~50%。制糊的方法有冲糊法、煮糊法、蒸糊法等。糊丸较为坚硬、崩解迟缓。

3. 蜂蜡

又称黄蜡，呈浅黄色，将其熔化后与药材细粉混合，可按塑制法或泛制法制成蜡丸。因其释药缓慢，可制成缓释、控释制剂。

4. 清膏与浸膏

含纤维较多或体积较大的药材，可经提取、浓缩制成清膏或浸膏，并进一步加工成浓缩丸。

5. 饴糖及蔗糖水溶液

味甜，有还原性和吸湿性，黏性中等。

五、泛制法制备水丸

工业生产使用包衣锅。其工艺流程如图6-4所示。

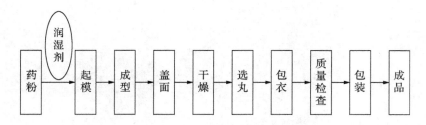

图6-4 工艺流程

例 6.1　保和丸

【处方】

山楂（焦）300g　　六神曲（炒）100g　半夏（制）100g

茯苓 100g　　　　　陈皮 50g　　　　　连翘 50g

莱菔子（炒）50g　麦芽（炒）50g

【制法】

以上 8 味粉碎成细粉，过筛，混匀，用水泛丸，干燥，制成水丸。

【功能主治】

消食，导滞，和胃。用于食积停滞，脘腹胀满，嗳腐吞酸，不欲饮食。

六、塑制法制备蜜丸

其工艺流程如图 6-5 所示。

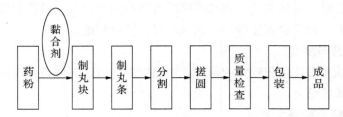

图 6-5　工艺流程

图 6-6 为中药自动制丸机。

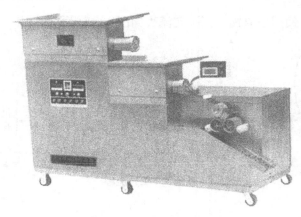

图 6-6　中药自动制丸机

例6.2 八珍丸

【处方】

党参 100g 白术 100g 茯苓 100g 甘草 100g

当归 100g 白芍 100g 川芎 100g 熟地黄 100g

【制法】

取炼蜜［每药粉 10 两，约用炼蜜（110℃）16 两和药时蜜温 90℃］与以上药粉搅拌均匀，成滋润团块，分坨，搓条，制丸。

【功能主治】

补气益血。用于气血两虚，面色萎黄，食欲不振，四肢乏力，月经过多。

七、中药制剂的质量检查

根据《中国药典》的"制剂通则"，丸剂需检查：

1. 外观

应圆整均匀，色泽一致。蜜丸应细腻滋润，软硬适中。蜡丸表面应光滑无裂纹，丸内不得有蜡点和颗粒。

2. 水分

对水分的具体要求如下：

①蜜丸和浓缩蜜丸对水分的要求是不得超过 15.0%；

②水蜜丸与浓缩水蜜丸对水分的要求是不得超过 12.0%；

③水丸、糊丸、浓缩水丸对水分的要求是不得超过 9.0%。

3. 重量差异

①10 丸为 1 份，取供试品 10 份，分别称定重量，再与每份标示重量比较，超过重量差异限度的不得多于 2 份，并不得有 1 份超出限度的 1 倍。

②包糖衣的丸剂检查丸芯重量差异，包糖衣后不再检查重量差异，其他包衣丸剂在包衣后检查重量差异；检查装量差异的单剂量包装丸剂不再检查重量差异。

4. 装量差异

取供试品 10 袋（瓶），分别称定每袋（瓶）的内容物重量，与标示装量比较，超出装量差异的数量不得超过 2 袋（瓶），并不得有 1 袋（瓶）超出限度的 1 倍。

5. 微生物限度检查

根据规定，各种丸剂必须满足：①活螨、螨卵、大肠杆菌和霉变不能被检出；②含原药材粉的丸剂，细菌数要求每克≤3000 个，霉变和酵母菌数每克≤100 个；③不含原药材粉的丸剂，含细菌数每克≤1000 个，霉菌和酵母菌数每克≤100 个。

八、实训——六味地黄丸的制备

【实训目的】

①掌握丸剂的制备方法与操作要领。

②掌握丸剂的质量要求和质量检查方法。

【处方】

熟地 16g　　山茱萸（制）8g　　山药 8g

泽泻 6g　　牡丹皮 6g　　　　　茯苓 6g

【制法】

①取适量的生蜂蜜，装入锅内，加热至沸后，纱布过滤，除去死蜂、蜡泡沫及其他杂质，然后继续加热炼制，至表面起黄色气泡，有明显光泽，手捻有一定黏性，但两手指分开无白丝。此时蜜温在 116 ~ 118℃。

②以上 6 味，粉碎成细粉，过 100 号筛，混匀，每 10g 粉末加炼蜜 18 ~ 20g，制丸块，搓丸条，制丸粒。

【实训设备】

DZ–40 可倾式多功能制丸机。把制好的丸块放入可倾式多功能制丸机中先制成片状，再切割成条状，然后再制成粒，从下料口出来，最后再抛光。

【质量检查】

（1）外观

应圆整均匀，色泽一致，细腻滋润，软硬适中，无可见性纤维。

（2）重量差异限度检查

按照丸剂重量差异检查法检验。

（3）溶散时限

取供试品 6 丸，按照崩解时限检查法，选择适当孔径筛网的吊篮（丸剂直径在 2.5mm 以下，用孔径约 0.42mm 的筛网；丸剂直径在 2.5 ~ 3.5mm，用孔径 1.0mm 的筛网；丸剂直径在 3.5mm 以上，用孔径约 2.0mm 的筛网），加挡板检查。小蜜丸应在 1h 内全部溶散。

【实训结果】

实训结果如表 6–1 所示。

表 6-1 实训结果

制剂	外观	重量差异	溶散时限
六味地黄小蜜丸			

【用途】

此药用于肾阴亏损，头晕耳鸣，腰膝酸软，骨蒸潮热，盗汗遗精。

第二节 滴丸剂和膜剂

一、滴丸

（一）特点及分类

①用固体分散技术制备的滴丸①发挥药效迅速、生物利用度高、不良反应小；

②为了达到便于服用和运输的目的，可将液体药物制成固体滴丸；

③增加药物的稳定性，因药物与基质融合后与空气接触面积减少，不易氧化和挥发，基质为非水物，不易引起水解；

④生产设备简单、操作方便，成本低，无粉尘，有利于劳动保护且工艺条件易于控制、剂量准确。

滴丸分类如图 6-7 所示。

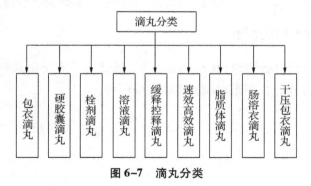

图 6-7 滴丸分类

———————

① 滴丸系指固体或液体药物与适当物质（一般称为基质）加热熔化混匀后，滴入不相混溶的冷凝液中，收缩冷凝而制成的小丸状制剂，主要供口服使用。

（二）滴丸剂的基质及冷凝液

1. 基质

滴丸剂中除主药以外的赋形剂均称为基质，常用的有水溶性和脂溶性两大类。水溶性基质常用的有 PEG 类。

2. 冷凝液

冷凝液①的选择通常应根据主药和基质的性质来决定，主药与基质均应不溶于冷凝液中，另外，冷凝液的密度应适中，能使滴丸在冷凝液中缓慢上升或下降。

脂溶性基质常用的冷凝液有水或不同浓度的乙醇溶液，水溶性基质常用的冷凝液有液状石蜡、二甲硅油和植物油等。

应根据基质的性质来选择冷却剂。对冷却剂的要求包括[6]：①冷却剂应不与主药、基质相混溶，也不与主药、基质发生化学反应；②有适当的相对密度，即与液滴的相对密度相近，使滴丸在冷却剂中逐渐下沉或上浮，充分凝固。丸形圆整；③有适当的黏度，使液滴与冷却剂间的黏附力小于液滴的内聚力而利于收缩成丸。

常用的冷却剂：脂肪性基质可用水或不同浓度的乙醇等为冷却剂。水溶性基质可用液状石蜡、植物油、甲基硅油、煤油或它们的混合物为冷却剂。

但目前可供选用的滴丸基质和冷却剂品种较少。滴丸含药量低（多数滴丸重量都小于 100mg），服用粒数多，有待进一步研究、改进。

（三）滴丸剂的制备

通常采用滴制法②进行滴丸剂的制备。滴出方式有下沉式和上浮式（图6-8），冷凝方式分为静态冷凝和流动冷凝两种。

---

① 用来冷却滴出液使之收缩而制成滴丸的液体称为冷凝液。
② 滴制法是将药物均匀分散在熔融的基质中，再滴入不相混溶的冷凝液里，冷凝收缩成丸的方法。

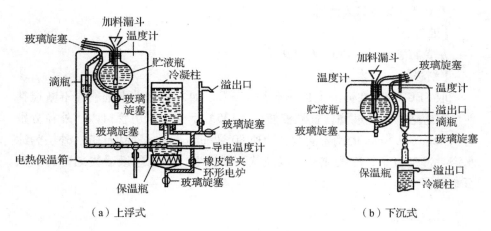

（a）上浮式　　　　　　　　（b）下沉式

图6-8　滴丸制备设备示意

工艺流程如下[28]：

药物、基质→混悬或熔融→滴制→冷却→干燥→选丸→质量检查→包装

常用设备见图6-9。

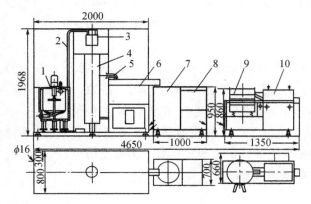

1—贮液罐；2—保温药液输送管道；3—药液滴罐；4—冷却柱；5—出粒管；
6—传送带；7—集丸机；8—离心机；9—振动筛；10—干燥机

图6-9　DWJ-2000D全自动滴丸机

（四）滴丸剂的质量检查及实例

在药典中，规定了滴丸剂的质量差异限度和溶散时限检查，其溶散时限的要求是：普通滴丸应在30min内全部溶散，包衣滴丸应在1h内全部溶散。

例 6.3　灰黄霉素滴丸

【处方】

灰黄霉素 1 份　　PEG 6000 9 份

【制法】

取 PEG 6000 在油浴上加热至约 135℃，加入灰黄霉素细粉，不断搅拌使全部熔融，趁热过滤，置贮液瓶中，135℃ 下保温；用管口内、外径分别为 9.0mm、9.8mm 的滴管滴制，滴速 80 滴/min，滴入液状石蜡（外层为冰水浴）冷却液中，冷凝成丸；以液状石蜡洗丸，用毛边纸吸去黏附的液状石蜡，即得。

二、膜剂

（一）典型制剂

例 6.4　外用避孕药膜

【处方】

壬苯基聚乙二醇（10）醚 5g　　　PVA 05–88 14g

甘油 1g　　　　　　　　　　　纯化水 50mL

【制法】

取 PVA 加甘油和适量纯化水浸泡，等充分膨胀后，在水浴上加热溶解，加入壬苯基聚乙二醇（10）醚，搅拌均匀，静置，消去气泡，在涂膜机上制成面积为 40mm×40mm 的薄膜，每张药膜含主药 50mg。

本品主药为杀精子药，外用避孕。此膜剂在 37℃ 的水中溶解时间不超过 50s，杀精子作用强，避孕效果良好，不良反应少。

例 6.5　硝酸甘油膜

【处方】

硝酸甘油乙醇溶液（10%）100mL　　　PVA 17–88 78g

聚山梨酯 80 5g　　　　　　　　　　甘油 5g

二氧化钛 3g　　　　　　　　　　　纯化水 400mL

【制法】

取 PVA、聚山梨酯 80、甘油、纯化水在水浴上加热搅拌使溶解，再加入二氧化钛研磨，过 80 目筛，放冷。在搅拌下逐渐加入硝酸甘油乙醇溶液，放置过夜以消除气泡，用涂膜机在 80℃ 下制成厚 0.05mm、宽 10mm 的膜剂，用铝箔包装，即得。

（二）特点

膜剂系将药物溶解或分散于成膜材料溶液中加工制成的薄膜状制剂。可供口服、黏膜用或外用。具有以下特点：①生产工艺简单，易于自动化和无菌生产，没有粉尘飞扬，容易解决车间的劳动保护；②药物含量准确、质量稳定，制成多层膜剂可避免配伍禁忌；③使用方便，吸收快，适于多种给药途径，体积小，重量轻，便于携带、运输和贮存，可密封于塑料薄膜或涂塑铝箔包装中，再用纸盒包装质量可保持稳定；④采用不同的成膜材料可制成不同释药速率的制剂，如制成控释膜、缓释膜[13]。

膜剂也存在载药量小、重量差异不易控制、收率不高等缺点。

（三）分类

膜剂有不同的分类方法，通常使用的分类方法有按剂型特点分类和按给药途径分类两种。

1. 按剂型特点分类

（1）单层膜剂

药物分散于成膜材料中形成的膜剂，可分为可溶性膜剂和水不溶性膜剂两类。临床用得比较多的就是这两类，通常厚度不超过1mm，膜面积可根据药量来调整。

（2）多层膜剂（复合膜剂）

又称复合膜，系由多层膜叠合而成，可解决配伍禁忌问题，另外也可用于制备缓释和控释膜剂。

（3）夹心膜

即在两层不溶性的高分子膜带中间，夹着含有药物的药膜，以零级速率释放药物，这类膜剂实际属于控释膜剂。

2. 按给药途径分类

（1）口服膜剂

是指用于口服使用的膜剂，如糖尿病药物双胍钒络合物的膜剂，口服使用使活性治疗成分易于从"载体"上按需释放。使用方便，病人易于接受。

（2）口腔膜剂

是指粘贴于口腔部位用于治疗口腔溃疡以及用于牙龈疾病的膜剂，常见药物有醋酸地塞米松粘贴片（意可贴），用于口腔溃疡和口腔扁平苔藓，使用方便。

（3）眼用膜剂

用于眼结膜内，可延长药物在眼部的停留时间，并维持一定的浓度。其克服滴眼液及眼药膏作用时间短和影响视力的缺点，以较少的药物达到局部高浓度，可维持较长时间。如毛果芸香碱膜剂用于青光眼。

（4）阴道用膜剂

包括局部治疗作用和避孕药膜。主要用于治疗阴道疾患或用于避孕。如克霉唑药膜、避孕药膜等。

（5）皮肤、黏膜用膜剂

用于皮肤或黏膜的创伤或炎症，膜剂既可以起治疗作用又可起保护作用，有利于创面愈合。如止血消炎药膜、冻疮药膜等。

（6）植入药膜

指埋植于皮下（真皮下或真皮与皮下组织之间）的药剂，可产生持久的药效。

（四）成膜材料

膜剂中膜是药物的载体，对膜剂的成型和质量有很大的影响。成膜材料应符合以下要求[3]：①有良好的成膜、脱膜性能，制成的膜具有一定的抗拉强度和柔韧性；②性质稳定，无不适臭味，不影响药物的疗效，不干扰药物的含量测定；③生理惰性，无毒性、刺激性；④根据膜剂的使用目的不同要求也不同，如口服、腔道用、眼用的膜剂等，要求迅速溶解于水，能逐渐降解、吸收或排泄；如用于外用则应能迅速、完全释放药物；⑤来源丰富，价格低廉。

常用的成膜材料包括天然的和合成的高分子材料：

（1）天然的高分子材料

有明胶、虫胶、阿拉伯胶、淀粉、糊精、琼脂、海藻酸、玉米朊、纤维素等，多数可降解或溶解，但成膜、脱膜性能较差，故常与其他成膜材料合用。

（2）合成的高分子材料

有聚乙烯醇类化合物、丙烯酸共聚物、纤维素衍生物类、聚维酮、硅橡胶、聚乳酸等，此类成膜材料成膜性能优良，成膜后的抗拉强度和柔韧性均较好。

（五）膜剂制备方法

1. 涂膜法

本法又称延流法、匀浆制膜法。是目前国内膜剂制备采用最多的一种方法。

大量生产时用涂膜机（图6-10），少量制备时，可以在一块玻璃平板或不锈钢平板上涂膜手工制备。

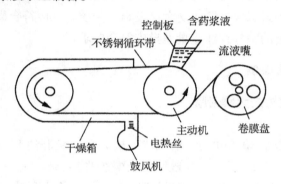

图6-10　涂膜机

涂膜法适合于制备很薄的药膜，且要求成膜材料要完全溶于溶剂中，其生产工艺流程如图6-11所示。

图6-11　均浆制膜法制膜剂的工艺流程

2. 热塑制膜法

先将药物与成膜材料及辅料混合，在一定的温度和压力下，用滚筒式压延机热压熔融成一定厚度的薄膜，冷却，脱膜即可。

3. 复合制膜法

此种制法是将两层或多层薄膜复合而成，一般制法是先将不溶性的热塑性成膜材料（如EVA）制成外膜，分别为具有凹穴的底外膜带和无凹穴的上外膜带。然后用涂膜法将药物与另一种成膜材料（如PVA）制成含药的内膜带，剪切后含药内膜置于底外膜带的凹穴内，盖上外膜带，热封即可。

此法一般用于缓释膜剂的制备[8]。

（六）膜剂质量控制

膜剂可以口服，也可以黏膜外用。除了其主药含量要合乎要求外，还应符合以下质量要求：①外观应光洁完整，色泽均匀，厚度一致，无明显气泡。多剂量膜剂，分格压痕应均匀清晰，并能轻松地沿压痕撕开；②包装材料应无毒，使用方便，可以防止污染，且不能与药物或成膜材料发生各种反应；③膜剂应密封保存，防止受潮、发霉、变质。且应符合微生物限量检查要求，另有规定的除外；④重量差异应符合要求。

（七）膜剂举例

例 6.6　复方庆大霉素膜

【处方】

硫酸庆大霉素 80 万单位	醋酸泼尼松 1.6g	鱼肝油 13.2g
盐酸丁卡因 2.8g	羧甲基纤维素钠 14.8g	
PVA（17 - 88）33.2g	甘油 20g	聚山梨酯 80 40g
淀粉 40g	糖精钠 0.4g	蒸馏水加至 1000mL

【制法】

取羧甲基纤维素钠加适量水浸泡，放置过夜，制成胶浆；取醋酸泼尼松、聚山梨酯 80、鱼肝油研磨混匀，加入胶浆中。另取 PVA，加适量水浸泡，置水浴上加热溶解，制成胶浆；再取盐酸丁卡因、糖精钠溶于水，加入甘油和硫酸庆大霉素混匀，加入此胶浆中。将上述两种胶浆混匀，加入用水湿润的淀粉，加水至足量，搅匀。涂布，自然干燥后，脱膜，切成 4～5cm 面积的小块，装塑料袋密封，即得。

第三节　栓剂

一、典型制剂

例 6.7　克霉唑栓

【处方】

克霉唑 150g　PEG400 1200g　PEG4000 1200g

【制法】

称取克霉唑研细，过筛；另取 PEG400、PEG4000 熔化，加入克霉唑，搅拌至溶解，并迅速倾入栓模，冷却成型，脱模，即得。

本品用于念珠菌性外阴阴道炎。

例 6.8　复方呋喃西林栓

【处方】

呋喃西林粉 10g　　　维生素 E 10g　　　维生素 A 20 万单位

羟苯乙酯 0.5g　　　　50% 乙醇 50mL　　聚山梨酯 80 10mL

甘油明胶基质加至 1000g　共制 240 枚

【制法】

取呋喃西林粉加乙醇煮沸溶解，加入羟苯乙酯搅拌溶解，再加适量甘油搅匀，缓缓加入甘油明胶基质中，保温待用。另取维生素 E 及维生素 A 混合，加入聚山梨酯 80，搅拌均匀后，缓缓搅拌下加至上述保温基质中，充分搅拌，保温 55℃，灌模，冷却成型，脱模。每枚重 4g。

本品用于治疗宫颈炎，7～10 天为一疗程。

二、分类

栓剂①根据使用部位不同分类如图 6-12 所示。

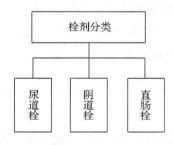

图 6-12　栓剂分类

目前，常用的有直肠栓、阴道栓两种。不同使用部位的生理特性决定了栓剂的性状和重量也各不相同，一般均有明确规定，如图 6-13 所示[8]。

---

① 栓剂指药物与适宜基质制成供人体腔道给药的固体制剂，亦称坐药或塞药。栓剂在常温下为固体，塞入腔道后，在体温下能迅速软化、熔融或溶解于分泌液，逐渐释放药物而产生局部或全身作用。

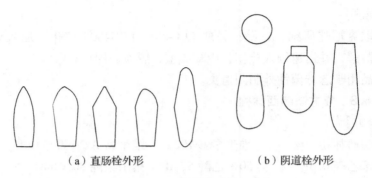

（a）直肠栓外形　　　　　（b）阴道栓外形

图 6-13　栓剂的形状

（一）直肠栓

直肠栓①每颗重量约 2g，长 3 ~ 4cm，儿童用约 1g。其中以鱼雷形较好，塞入肛门后，因括约肌收缩容易压入直肠内。直肠栓中药物只能发挥局部治疗作用。

（二）阴道栓

阴道栓有球形、卵形、鸭嘴形等形状，每颗重量为 2 ~ 5g，直径 1.5 ~ 2.5cm，其中以鸭嘴形的表面积最大。

近年来又有新给药部位用栓剂如耳用栓、喉道栓、牙用栓出现。同时各国还相继开发出了一系列具有新释药特点的栓剂，如双层栓、中空栓、缓控释栓等。

三、特点

栓剂的作用可分为局部作用和全身作用两种。直肠给药的栓剂可以发挥局部作用，同时还可以起到全身作用，阴道给药的栓剂主要起局部作用。

（一）局部作用

局部作用的栓剂通过将药物分散于腔道的黏膜表面而发挥作用，临床常用于润滑、抗菌、消炎、杀虫、收敛、止痛、止痒等。

---

① 又称肛门栓，有圆锥形、圆柱形、鱼雷形等形状。

（二）全身作用

全身作用的栓剂药物能够通过直肠黏膜吸收至体循环而发挥作用，与口服剂型相比有以下特点[13]：①药物可以避免胃肠道受 pH 或酶的影响和破坏；②药物直肠吸收比口服吸收干扰因素少；③大部分药物可以避免肝脏的首过效应，也可减少对肝脏的毒性和副作用；④可以避免药物对胃黏膜的刺激性；⑤对不能或不愿吞服药物的成人或小儿患者用此药较为方便。

四、栓剂的制备

栓剂的制法有热熔法、冷压法和搓捏法 3 种，可按基质的不同类型而选择。脂肪性基质 3 种方法均可采用，水溶性基质多采用热熔法。

热熔法（fusion method）主要有加热、熔融、注模、冷却脱模等过程。热熔法应用较广泛，工艺流程如图 6-14 所示。如果是实验室用热熔法，通常是借栓剂模具完成，栓剂模具如图 6-15 所示，故须在栓模孔内涂润滑剂。常用的润滑剂分类如图 6-16 所示。

图 6-14　热熔法制备栓剂的工艺流程

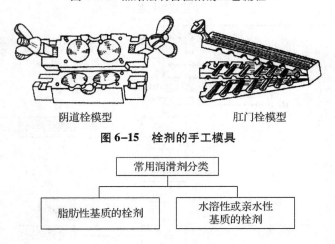

阴道栓模型　　　　　　　　　肛门栓模型

图 6-15　栓剂的手工模具

常用润滑剂分类

脂肪性基质的栓剂　　水溶性或亲水性基质的栓剂

图 6-16　常用润滑剂分类

目前，工业生产上常以塑料材料制成一定形状的空囊，既可作为栓剂成型的模具，又可于密封后作为包装栓剂的容器，即使存放时遇升温而融化，也会在冷藏后恢复应有形状与硬度。这种工业生产一般均采用机械自动化操作来完成，典型的自动化栓剂生产线和工作流程如图 6-17、图 6-18 所示，产量每小时 3500 ~ 6000 枚栓剂[6]。

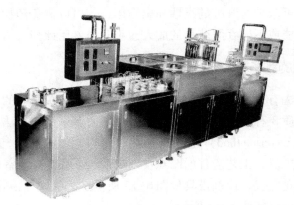

图 6-17　自动化栓剂生产线

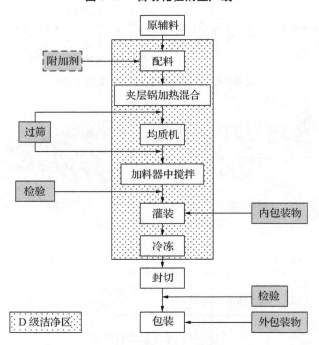

图 6-18　全自动栓剂生产线工作示意

五、处方举例

例6.9　阿司匹林肛门栓

【处方】

阿司匹林 600g　混合脂肪酸酯 450g　共制 1000 枚

【制法】

取混合脂肪酸酯，置夹层锅中，在水浴上加热熔化后，加入阿司匹林细粉，搅匀，在近凝时倾入涂有润滑剂的栓模中，迅速冷却，冷后削平，取出包装，即得。

【用途与用法】

具有解热镇痛作用，每次 1 枚，塞入肛门内。

【附注】

为防止阿司匹林水解，可加入 1.0%～1.5% 的枸橼酸作稳定剂；制备阿司匹林栓剂时，避免接触铁、铜等金属，以免栓剂变色。

例6.10　克霉唑阴道栓

【处方】

克霉唑 150g　聚乙二醇 400 1200g　聚乙二醇 4000 1200g　共制 10 枚

【制法】

取克霉唑研细，过六号筛。另取聚乙二醇 400、聚乙二醇 4000 于水浴上加热熔化，加入克霉唑细粉，搅拌至溶解，并迅速倒入已涂有润滑剂的栓模中，至稍溢出模口。冷后削平，取出包装，即得。

【用途与用法】

抗真菌药，用于真菌性阴道炎。每晚 1 次，每次 1 枚。

第四节　气雾剂、喷雾剂与粉雾剂

一、气雾剂

（一）典型制剂

例 6.11　盐酸异丙肾上腺素气雾剂

【处方】

盐酸异丙肾上腺素 2.5g　维生素 C 1.0g　乙醇 296.5g

二氯二氟甲烷适量　共制 1000g

【制法】

先将盐酸异丙肾上腺素与维生素 C 溶于乙醇中，滤过，灌入已处理好的容器内，装上阀门系统，加铝盖轧口封固，再用压装法灌注二氯二氟甲烷，经质检合格后包装。

本品用于治疗支气管哮喘。

例 6.12　大蒜油气雾剂

【处方】

大蒜油 10g　　　　　聚山梨酯 80 30g　　　　油酸山梨坦 35g

十二烷基硫酸钠 20g　纯化水加至 400mL　二氯二氟甲烷 962.5g

【制法】

将油水两相混合制成乳剂，分装成 175 瓶，每瓶压入 5.5g 二氯二氟甲烷，密封而得。

本品适用于真菌性阴道炎。

（二）特点

使用气雾剂①时借助抛射剂的压力将内容物呈雾状物喷出，用于肺部吸入或直接喷至腔道黏膜、皮肤及空间消毒的制剂。

气雾剂具有如下特点[3]：

———————

①　气雾剂系指含药溶液、乳状液或混悬液与适宜的抛射剂共同封装于具有特制阀门系统的耐压密封容器中的制剂。

①使用、携带方便。

②可经呼吸道深部、腔道黏膜或皮肤等发挥全身或局部作用。

③给药途径多样，可吸入给药、非吸入给药和外用；既可以单剂量给药也可以多剂量给药；既可定量给药又可非定量给药。

④速效和定位作用，起效快，可用于某些疾病的急症治疗，如哮喘等呼吸道疾病。

⑤药物可避免胃肠道的破坏和肝脏的首过作用，提高生物利用度。

（三）分类

气雾剂的种类很多，基本上按以下 3 种方法进行分类。

1. 按分散系统分类

（1）溶液型

固体或液体药物溶解在抛射剂中形成均匀溶液，喷出后抛射剂挥发，药物以固体或液体微粒状到达作用部位。

（2）混悬型

固体药物以微料状态分散在抛射剂中，形成混悬液，喷出后抛射剂挥发，药物以固体微粒状到达作用部位。此种气雾剂喷出时呈烟雾状。

（3）乳剂型

液体药物与抛射剂形成 O/W 或 W/O 型乳剂呈泡沫状喷出，W/O 型乳剂呈液流状喷出。

2. 按相的组成分类

（1）两相气雾剂

是指药物与抛射剂形成的均匀液相和抛射剂的气相所组成的气雾剂，即溶液型气雾剂。

（2）三相气雾剂

存在三种情况[8]：① O/W 型乳剂型气雾剂，液相为药物水溶液与抛射剂形成的 O/W 型乳剂，气相为抛射剂蒸气，在喷射时产生稳定而持久的泡沫，故称为泡沫气雾剂；② W/O 型乳剂型气雾剂，药物水溶液或药物溶解于液化抛射剂中形成 W/O 型乳剂，气相为抛射剂蒸气，喷射时形成液流；③混悬型气雾剂，固体药物以微粉混悬在抛射剂中形成混悬剂，气相为抛射剂蒸气，由于喷出物呈细粉状，故又称粉末气雾剂。

3. 按医疗用途分类

（1）呼吸道吸入气雾剂

药物分散成微粒或雾滴，经呼吸道吸入发挥局部或全身治疗作用。

（2）皮肤和黏膜用气雾剂

①皮肤用气雾剂。有保护创面、清洁消毒、局麻止血等作用。②黏膜用气雾剂。用于阴道黏膜较多，常用 O/W 型泡沫气雾剂，以治疗阴道炎及避孕等局部作用为主。鼻腔黏膜用气雾剂主要是一些肽类和蛋白类药物，用于发挥全身作用，避免胃肠道和肝脏首过作用，提高了药物的生物利用度。

（3）空间消毒和杀虫用气雾剂

为了能在无菌环境中操作和治疗（如烧伤病人），常需将室内的空气消毒。消毒用气雾剂应具有杀菌作用强、对人体毒性小、对金属无腐蚀性、不易燃烧等特点。杀虫气雾剂大多制成二相气雾剂供空间或表面喷射。

（四）气雾剂的组成

气雾剂由抛射剂、药物与附加剂、耐压容器和阀门系统组成。

1. 抛射剂

抛射剂在气雾剂中起动力作用，是压力的来源并可兼作药物的溶剂或稀释剂。当气雾剂阀门开放时，因其内压高于外压，使抛射剂急剧气化，将药物分散成微粒，通过阀门以雾状喷出，到达作用或吸收部位。医用气雾剂的抛射剂应具备以下条件：在常温下蒸气压应大于大气压，无毒、无致敏性和刺激性，不易燃、不易爆，无色、无臭、无味，性质稳定，不与药物、容器等发生反应，价廉易得。[6]

抛射剂可分为压缩气体与液化气体两类。

2. 药物与附加剂

供制备气雾剂的药物有液体、半固体或固体粉末。根据药物的理化性质和临床治疗要求决定配制的气雾剂类型，进而决定潜溶剂或附加剂的使用，如易氧化药物可加入适量的抗氧剂等。

3. 耐压容器

气雾剂的容器为耐压容器，通常用玻璃或金属材料制成。其应对内容物稳定，能耐受工作压力，并有一定的耐压安全系数和冲击耐力。

4. 阀门系统

阀门是气雾剂耐压容器最重要的组成部分，其精密程度直接影响制剂的质量。阀门系统的基本功能是在密封条件下控制药物喷射的剂量。阀门的类型颇多,如一般阀门、定量阀门等。下面主要介绍定量型吸入气雾剂阀门系统的机构与组成部件,其构造如图6-19所示。图6-20为定量阀门工作过程,图6-21为有浸入管的定量阀门,图6-22为气雾剂无浸入管阀门启闭示意。

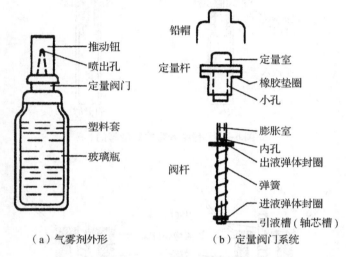

（a）气雾剂外形　　　　　（b）定量阀门系统

图6-19　气雾剂容器的构造

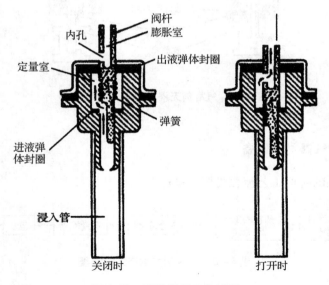

图6-20　定量阀门工作过程

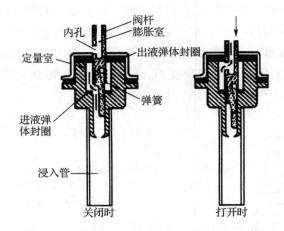

图 6-21 有浸入管的定量阀门

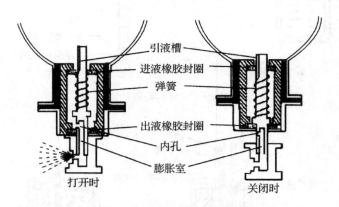

图 6-22 气雾剂无浸入管阀门启闭示意

（五）气雾剂的制备

气雾剂的生产工艺流程见图 6-23。

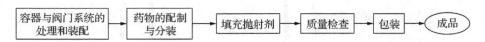

图 6-23 气雾剂的生产工艺流程

1. 处方设计

（1）溶液型气雾剂

由于抛射剂大多是非极性的，通常情况下大部分药物非常难溶于抛射剂中，此时需要添加乙醇或丙二醇作为潜溶剂，从而实现药物和抛射剂混溶成均相溶液的目的。

（2）混悬型气雾剂

混悬型气雾剂的制备之所以存在难度，主要原因如图 6-24 所示。

（3）乳状型气雾剂

乳状型气雾剂组成如图 6-25 所示。

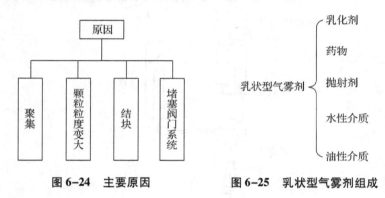

图 6-24　主要原因　　　　图 6-25　乳状型气雾剂组成

常用的乳化剂有脂肪酸皂（三乙醇胺硬脂酸酯）、聚山梨酯类等。

2. 气雾剂的制备流程

（1）容器、阀门系统的处理与装配

1）玻瓶搪塑

先将玻瓶洗净烘干，预热至 120~130℃，趁热浸入塑料黏浆中，使瓶颈以下黏附一层塑料液，倒置，在 150~170℃烘干 15min，备用。

2）阀门系统的处理与装配

将阀门的各种零件分别处理：①橡胶制品可在 75% 乙醇中浸泡 24h，以除去色泽并消毒，干燥备用；②塑料、尼龙零件洗净再浸在 95% 乙醇中备用；③不锈钢弹簧在 1%~3% 碱液中煮沸 10~30min，用水洗涤数次，然后用蒸馏水洗 2~3 次，直至无油腻为止，浸泡在 95% 乙醇中备用。最后将上述已处理好的零件，按照阀门的结构装配。

（2）药物的配制与分装

按处方组成及所要求的气雾剂类型进行配制。溶液型气雾剂应制成澄清药液；混悬型气雾剂应将药物微粉化并保持干燥状态；乳剂型气雾剂应制成稳定的乳剂。[5]

将上述配制好的合格药物分散系统，定量分装在已准备好的容器内，安装阀门，轧紧封帽。

（3）抛射剂的填充

抛射剂的填充有压灌法和冷灌法两种。图6-26为抛射剂压装机示意。

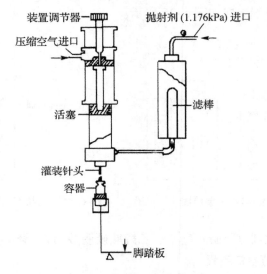

图6-26　抛射剂压装机示意

①压灌法。在室温条件下，将配置好的药液灌入容器内，完成后再将阀门装上并轧紧，然后通过压装机压入定量的抛射剂。图6-27为压灌装示意。

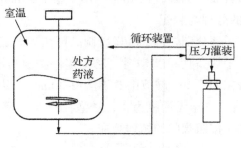

图6-27　压灌装示意

②冷灌法。药液冷却至 - 20℃左右，抛射剂冷却至沸点以下至少5℃。先将冷却的药液灌入容器中，随后加入已冷却的抛射剂。立即将阀门装上并轧紧（图6-28）。

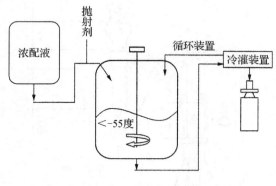

图6-28 冷灌装示意

③气雾剂的质量检查。气雾剂应进行泄漏和压力检查，置凉暗处贮存。定量气雾剂应标明每瓶总揿次和每揿主药含量。吸入气雾剂的定量气雾剂释出的主药含量应准确，喷出的雾滴（粒）应均匀。除另有规定外，气雾剂应进行如图6-29所示的相应检查。

图6-29 气雾剂的质量检查

图6-30给出了气雾制雾滴（粒）分布率测定装置示意。

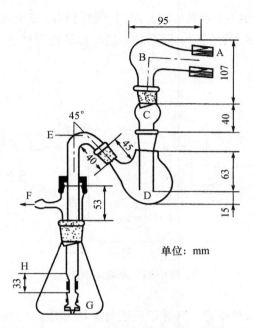

A—橡胶接口；B—模拟喉部；C—模拟颈部；D—级分布瓶；

E—连接管；F—出口，接流量计；G—喷头；H—级分布瓶

图6-30 气雾制雾滴（粒）分布率测定装置

二、喷雾剂

（一）喷雾剂的特点

喷雾剂[①]按分散系统可分为溶液型、乳剂型及混悬型3类。

喷雾剂的特点如下：①使用、携带方便。②可经呼吸道深部、腔道黏膜或皮肤等发挥全身或局部作用。③给药途径多样，可吸入给药、非吸入给药和外用；既可以单剂量给药也可以多剂量给药；既可定量给药又可非定量给药。④速效和定位作用，起效快，可用于某些疾病的急证治疗，如哮喘等呼吸道疾病。⑤药物可避免胃肠道的破坏和肝脏的首过作用，提高生物利用度。

————————————

① 喷雾剂系指含药溶液、乳状液或混悬液填充于特制的装置中，使用时借助于手动泵的压力、高压气体、超声振动或其他方法将内容物以雾状等形态释出的制剂。

（二）用于药用喷雾剂的手动泵系统

手动泵系统采用手压触动器产生的压力使喷雾器内含药液以所需形式释放的装置。设计良好的手动泵应具备以下特点：①性能可靠；②相容性好，所用材料应符合国际标准，目前采用的材料多为聚丙烯、聚乙烯；③使用方便，仅需很小的触动力，很快达到全喷量，无须预压；④适用范围广，应适用于不同大小口颈的容器，适合于不同的用途。

手动泵主要由泵杆、支持体、密封垫、固定杯、弹簧、活塞、泵体、弹簧帽、活动垫或舌状垫及浸入管等基本元件组成。

（三）喷雾剂的质量评价

喷雾剂应标明事项如图 6-31 所示。

检查内容与气雾剂类似，这里不再赘述。

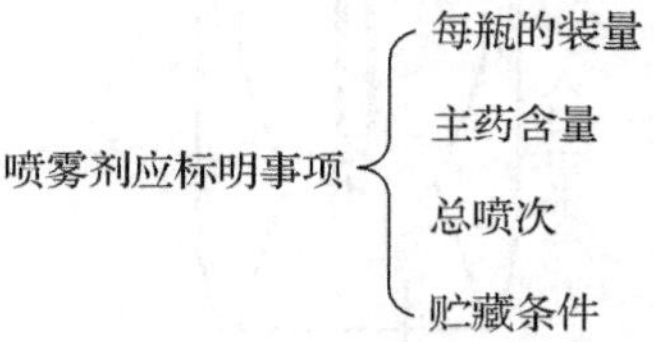

喷雾剂应标明事项
- 每瓶的装量
- 主药含量
- 总喷次
- 贮藏条件

图 6-31 喷雾剂应标明事项

三、粉雾剂

（一）粉雾剂的类型与特点

粉雾剂按用途分类如图 6-32 所示。

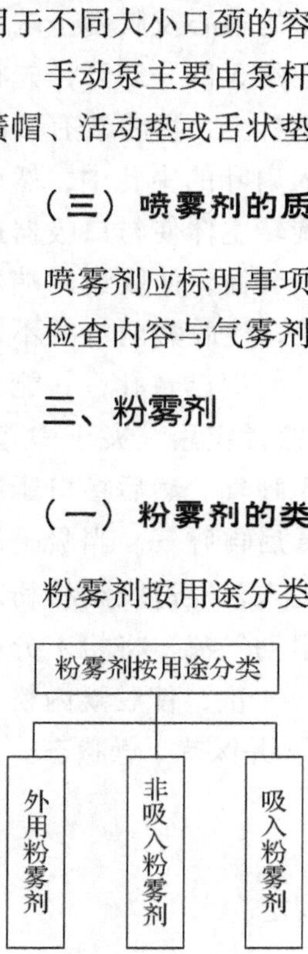

粉雾剂按用途分类
- 外用粉雾剂
- 非吸入粉雾剂
- 吸入粉雾剂

图 6-32 粉雾剂按用途分类

1. 吸入粉雾剂

吸入粉雾剂①中药物粒度大小应控制在 $10\mu m$ 以下，其中大多数应在 $5\mu m$ 以下。吸入粉雾剂应在避菌环境下配制，各种用具、容器等须用适宜的方法清洁、消毒，在整个操作过程中应注意防止微生物的污染。粉雾剂保存在凉暗处。

2. 非吸入粉雾剂

非吸入粉雾剂系指药物或与载体以胶囊或泡囊形式，采用特制的干粉给药装置，将雾化药物喷至腔道黏膜的制剂。其中鼻黏膜用粉雾剂应用较多。

---

① 吸入粉雾剂系指微粉化药物或与载体以胶囊、泡囊或多剂量贮库形式，采用特制的干粉吸入装置，由患者主动吸入雾化药物至肺部的制剂。

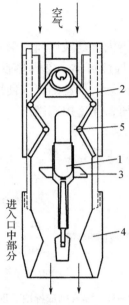

空气

进入口中部分

1—药物胶囊；2—弹簧杆；
3—扇叶推进器；4—口吸器；
5—不锈钢弹簧节

**图6-33 胶囊型粉末
雾化器结构示意**

（二）粉雾剂的装置

胶囊型给药装置其结构主要由雾化器的主体、扇叶推进器和口吸器3部分组成（图6-33）。在主体外套有能上下移动的套筒，套筒内上端装有不锈钢针；口吸器的中心也装有不锈钢针，作为扇叶推进器的轴心及胶囊一端的致孔针。使用时，将组成的3部分卸开，先将扇叶套于口吸器的不锈钢针上，再将装有极细粉的胶囊的深色盖端插入扇叶的中孔中，然后将3部分组成整体，并旋转主体使与口吸器连接并试验其牢固性。压下套筒，使胶囊两端刺入不锈钢针；再提起套筒，使胶囊两端的不锈钢针脱开，扇叶内胶囊的两端已致孔，并能随扇叶自由转动，即可供患者应用。夹于中指、拇指间，在接嘴吸用前先呼气。然后接口于唇齿间，深吸并屏气2～3s后再呼气。当吸嘴端吸气时，空气由另一端进入，经过胶囊将粉末带出，并由推进器扇叶扇动气流，将粉末分散成气溶胶后吸入病人呼吸道起治疗作用。反复操作3～4次，使胶囊内粉末充分吸入，以提高治疗效果。最后应清洁粉末雾化器，并保持干燥状态。

（三）质量要求

粉雾剂在生产与贮藏期间应符合图6-34的相关规定。

（四）粉雾剂的处方举例

例6.13 醋酸奥曲肽鼻用粉雾剂

【处方】

醋酸奥曲肽 1.39g

微晶纤维素（Avieel PH101，粒径38～68μm）18.61g 共制1000粒

【制法】

先将奥曲肽与四分之一量的微晶纤维素混合，将混合物过筛；然后加入

配制粉雾剂时，为改善粉末的流动性，可加入适宜的载体和润滑剂

粉雾剂给药装置使用的各组成部件均应采用无毒、无刺激性、性质稳定、与药物不起作用的材料制备

吸入粉雾剂中药物粒度大小应控制在 $10\mu m$ 以下，其中大多数应在 $5\mu m$ 以下

除另有规定外，外用粉雾剂应符合散剂项下有关的各项规定

粉雾剂应置于凉暗处贮存，防止吸潮

胶囊型、泡囊型吸入粉雾剂应标明：每粒胶囊或泡囊中药物含量；胶囊应置于吸入装置中吸入，而非吞服；有效期；贮藏条件

多剂量贮存型吸入粉雾剂应标明：每瓶的装量；主药含量；总吸次；每吸主药含量

图6-34　粉雾剂在生产与贮藏期间应符合的要求

剩余的微晶纤维素，并将物料完全混匀；最终将粉末粒径控制在 $20\sim 25\mu m$ 范围内，将粉末填装到胶囊中，这种鼻腔用粉末局部和全身耐受良好。

第五节　浸出剂

一、浸出制剂的类型和特点

（一）浸出制剂的分类

浸出制剂的分类如图6-35所示。

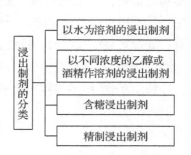

浸出制剂的分类
- 以水为溶剂的浸出制剂
- 以不同浓度的乙醇或酒精作溶剂的浸出制剂
- 含糖浸出制剂
- 精制浸出制剂

图6-35　浸出制剂的分类

（二）浸出制剂的特点

浸出制剂的特点如下[3]：①浸出制剂能保持原药材各种成分的综合疗效，故符合中医药理论，有利于发挥药材成分的多效性；②浸出制剂药效比较和缓持久、毒性较低；③与原药材相比可减少服用剂量，方便临床使用。

二、浸出制剂的制备方法

（一）煎煮法

煎煮法系指用水作溶剂，加热煮沸浸提药材成分的一种方法。

煎煮法的优点：①浸提成分范围广；②适用于有效成分能溶于水，且对湿、热较稳定的药材；③溶剂易得价廉。

其缺点是：①含挥发性成分及有效成分遇热易破坏的中药不宜用此法；②提取液中往往杂质较多。

1. 操作方法

一般是先对药材进行前处理，然后取处方规定量药材，置适宜煎煮器中，加水煎煮。煎药所用的水应是经过处理的饮用水或纯化水；通常煎煮2~3次。

2. 常用设备

小量生产常用敞口倾斜式夹层锅，也有用搪玻璃或不锈钢罐等。大批量生产用多功能提取器、球形煎煮罐等。

多功能提取器是一类可调节压力、温度的密闭间歇式提取或蒸馏等多功能设备（图 6-36）。其特点是[12]：①无论常温常压、加压高温还是减压低温均可提取；②无论水提、醇提，提取挥发油、回收药渣中溶剂等均能适用；③采用气压自动排渣，操作方便，安全可靠；④提取时间短，生产效率高；⑤设有集中控制台，控制各项操作，可大大减轻劳动强度，利于流水线生产。

如图 6-37 所示为球形煎煮罐示意图。

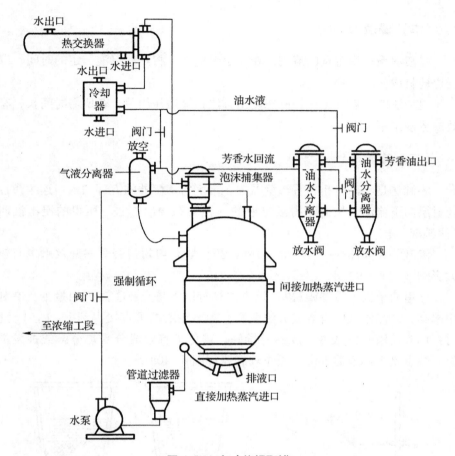

图 6-36　多功能提取罐

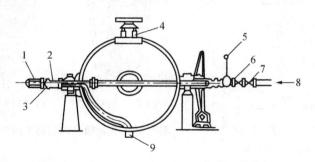

1—电机；2—减速器；3—制动器；4—入料孔盖；5—压力表；
6—安全阀；7—截止阀；8—蒸汽进口；9—出料口

图 6-37　球形煎煮罐

（二）浸渍法

浸渍法系指用定量的溶剂，在一定温度下，将药材浸泡一定的时间，以浸提药材成分的一种方法。

浸渍法的特点：①一种静态浸出方法；②操作简单；③所需时间长，有效成分浸出不完全。

（三）渗漉法

渗漉法是将药材粗粉置渗漉器内，溶剂自渗漉器的上部加入，连续渗过药材层向下流动，从而制得浸出液的一种动态浸出方法。所得的浸出液叫"渗漉液"。

渗漉装置如图6-38所示，另外，药材填充均匀与否对渗漉效果也有较大影响（图6-39）。

这里简单提下重渗漉法[①]，该方法具有以下特点：①溶剂用量少；②利用率高；③渗漉液中有效成分浓度高；④不经浓缩可直接得到1∶1（1g药材∶1mL药液）的浓液，成品质量好，避免了有效成分受热分解或挥发损失。缺点是占用容器太多，操作较麻烦（图6-40）。

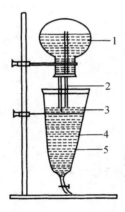

1—溶剂；2—玻璃管；3—溶剂；
4—渗漉筒；5—药粉

图6-38　连续渗漉装置示意

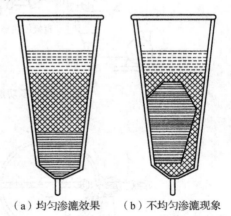

（a）均匀渗漉效果　　（b）不均匀渗漉现象

图6-39　药材填充均匀与不均匀对照示意

---

① 将渗漉液重复用作新药粉的溶剂，进行多次渗漉以提高渗漉液浓度的方法。

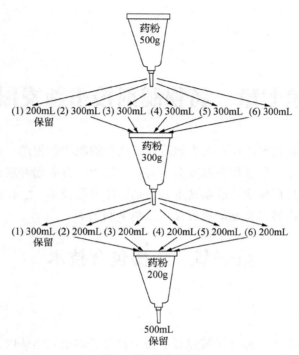

图6-40 重渗漉法

（四）超临界流体萃取法

物体处于临界温度（TC）和临界压力（PC）以上状态时，成为单一相态，将此单一相态称为超临界流体（SF）。

超临界流体萃取分离过程如图6-41所示。

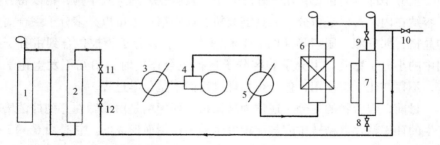

1—CO_2气瓶；2—纯化器；3—冷凝器；4—高压阀；5—加热器；

6—萃取器；7—分离器；8—放油阀；9—减压阀；10～12—阀门

图6-41 CO_2-SFE工艺流程示意

第七章　药物制剂技术新发展

药物制剂新技术的应用大大地改善了药物的吸收和传递，在提高药物制剂的生物利用度，保证用药的安全、有效、稳定等方面起着重要作用。本章主要介绍几种应用较成熟的新技术，包括固体分散技术、包合技术、脂质体的制备技术、微囊与微球的制备技术及纳米制剂等。

第一节　药物包合技术

一、概述

包合技术系指一种分子被包藏于另一种分子的空穴结构内，形成包合物的技术。处于包合物外层的大分子物质如胆酸、环糊精（CYD）、淀粉、纤维素、蛋白质、核酸等称为主分子，被包合于主分子内的小分子物质称为客分子。在药学上，包合物主要被应用于物质的分离与精制、药物的稳定化、增加难溶性药物的溶解与分散、光学异构体的拆分等。近年来包合物作为药物的载体，应用范围更加广泛。

主分子即具有包合作用的外层分子，具有较大的空穴结构，足以将客分子容纳在内。可以是单分子如直链淀粉、环糊精；也可以是多分子聚合而成的晶格，如氢醌、尿素等（图7-1和图7-2）。客分子为被包合到主分子空间中的小分子物质。主分子和客分子进行包合作用时，相互不发生化学反应，不存在化学键作用，包合是物理过程而不是化学过程。

目前，包合物的主分子通常为环糊精，环糊精是由嗜碱性芽孢杆菌培养产生的环糊精葡萄糖转位酶与淀粉发生一定作用而形成的。它是由 $6 \sim 12$ 个 D - 葡萄糖分子通过 1，4 - 糖苷键相连得到的环状低聚糖化合物，其特点为呈白色结晶性粉末状，遇水溶解，非还原性。环糊精为中空圆筒形，孔穴开口具有亲水性，其内部具有疏水性。一般分为 α、β、γ 三种，分别由6个、7个、8个葡萄糖分子构成。图7-3为 β-CYD 分子的结构立体图和结构俯视图[6]。

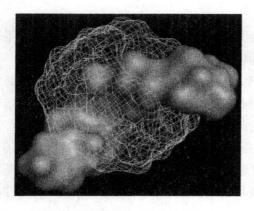

图7-1　地高辛被 β – 环糊精包合模式

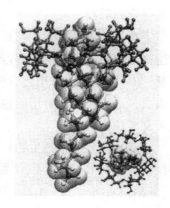

图7-2　被 γ – 环糊精
包合后的胆固醇

（a）结构立体图

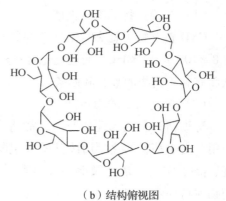

（b）结构俯视图

图7-3　 β – 环糊精

其中以 β – CYD 最为常用。 β – CYD 为白色结晶性粉末，熔程300 ~ 305℃。本品对酸较不稳定，对碱、热和机械作用相当稳定，在水中具有较低的溶解度，容易结晶析出，但温度上升，其溶解度增大。 β–CYD 经动物试验证明毒性很低，用放射性标记的动物代谢试验表明， β–CYD 可作为碳水化合物被人体吸收应用。目前国内利用包合技术生产上市的产品有碘口含片、吡罗昔康片、螺内酯片以及可减小舌部麻木不良反应的磷酸苯丙哌林片等。

环糊精衍生物 β–CYD，虽具有适合的空穴，但由于其在水中溶解度较低，并在应用中产生毒副作用，尤其是不能注射给药，使其在药剂中的应用受到一定的限制。

①水溶性环糊精衍生物：常用的是葡萄糖衍生物、羟丙基衍生物及甲基衍生物等。在 CYD 分子中引入葡糖基（G 表示）后其水溶性显著提高。葡糖基 - β - 环糊精为常用包合材料，能够提高药物的溶解度，进而利于药物的吸收，还可作为注射用的包合材料。如雌二醇 - 葡糖基 - β - 环糊精包合物可制成注射剂。

②疏水性环糊精衍生物：常用的有乙基 - β - 环糊精，将乙基取代 β - 环糊精分子中的羟基，取代程度越高，产物在水中的溶解度越低。乙基 - β - 环糊精微溶于水，比 β - 环糊精的吸湿性小，具有表面活性，在酸性条件下比 β - 环糊精更稳定。

一般来说，药物饱和技术具有如下优点[14]。

（1）改善药物的溶解性能

CYD 包合物可提高难溶性药物的溶解度，如维 A 酸在水中的溶解度只有 8×10^{-3} mg/100mL，而通过包合作用溶解度可增大到 2.7×10^{3} mg/100mL。从而有利于药物的吸收和制备。

（2）提高药物的稳定性

环糊精具有疏水性的空隙，能将客分子（药物）嵌入，对药物起保护作用：由于药物的化学活泼基团被包藏于 CYD 之中，不易受外界环境的温度、pH、空气（氧）及溶剂等因素影响，避免发生氧化、水解等反应，使药物保持一定的稳定性。

如维生素 D_3-β-CYD 包合物对热、光及氧均有较好的稳定性，在 60℃下加温 10h 进行试验，维生素 D_3 的含量保持 100%，而未包合的维生素 D_3 其含量下降 29.8%。

（3）改善药物的吸收和提高生物利用度

药物的包合物与单体药物相比，在溶解性、膜通透性、血浆蛋白结合性等方面均有显著改善，从而可以提高药物的生物利用度，增强药效和减小不良反应。

（4）降低药物的毒副作用和刺激性

不仅使给药量适当减少，而且可以使游离的药物分子的浓度减少，从而使药物的毒副性和刺激性减弱。例如，吲哚美辛与 β-CYD 形成包合物后，进一步制成胶囊剂，口服后不会引起溃疡等不良反应。

二、包合物的制备技术

包合物的制备主要就是采用适宜的方法，使药物（客分子）被包嵌于包合材料（主分子）的空穴结构中。常用的制备方法有饱和水溶液法、研磨法、冷冻干燥法、喷雾干燥法、超声波法等（图7-4）。

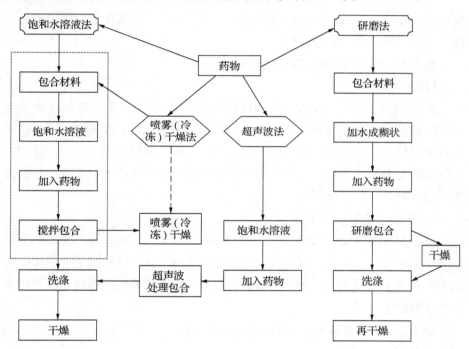

图7-4　包合物制备工艺流程

1. 饱和水溶液技术

首先应配制 CYD 的饱和水溶液，再向其中加入药物，混合30min 以上，使药物与 CYD 形成包合物后析出，且可定量地将包合物分离出来。若药物极易溶于水，那么所形成的部分包合物依然会溶解，可以把合适的有机溶剂放入其中，进而使包合物析出，经过滤之后，使用合适的溶剂进行洗涤、干燥，最后可得到包合物。亦可称为重结晶技术或共沉淀技术。

例7.1　吲哚美辛 -β-CYD 包合物的制备

【制法】

称取吲哚美辛 1.25g，加 25mL 乙醇，微温使溶解，滴入 500mL、75℃

的 β-CYD 饱和水溶液中，搅拌 30min，停止加热再继续搅拌 5h，得白色沉淀，室温静置 12h，过滤，将沉淀物在 60℃ 干燥，过 80 目筛，经 P_2O_5 真空干燥，即得包合率在 98% 以上的包合物。

2. 研磨包合技术

用 2~5 倍量的水与 β-CYD 混合，并研磨均匀，向其中加入药物，继续研磨使其完全成糊状，于较低温度下进行干燥处理，使用合适的溶剂进行洗涤、干燥，最后可得到包合物。

例 7.2　维 A 酸 -β-CYD 包合物的制备

【制法】

维 A 酸易受氧化，制成包合物可提高稳定性。按 1∶5 的摩尔比称量维 A 酸和 β-CYD，用适量纯化水与 β-CYD 混合，置于 50℃ 水浴中，进行研磨使其成糊状，向其中加入经乙醚溶解的维 A 酸，继续研磨，使乙醚挥发，原糊状物变为半固体物，把得到的产品放在避光的干燥器中，实施数日的减压干燥，最终可得目标产物。

3. 冷冻（喷雾）干燥法

按饱和水溶液法使药物与 CYD 形成包合物，然后用冷冻（喷雾）干燥方法干燥即得。对于那些制成包合物遇水易溶解，在干燥状况下易分解、变色的药物常常采用此法，制得的包合物疏松，具有较好的溶解度，能够用来作为注射用粉末[29]。

例 7.3　盐酸异丙嗪 β-CYD 包合物的制备

【制法】

按照摩尔比 1∶1 来量取一定的盐酸异丙嗪与 β-CYD，在高于 60℃ 的水中溶解 β-CYD，再向其中加入盐酸异丙嗪，搅拌 0.5h，放入冰箱中冷冻过夜，之后进行冷冻干燥处理，没有包入的盐酸异丙嗪用氯仿清洗，再除去多余的氯仿，最终得到白色包合物粉末，内含盐酸异丙嗪 28.1% ±2.1%，包合率为 95.64%。经影响因素试验（如光照、高温、高湿度），稳定性均比原药盐酸异丙嗪提高；经加速试验（37℃、相对湿度 75%），2 个月时原药外观、含量、降解产物均不合格，而包合物 3 个月上述指标均合格，说明稳定性提高。

此外，还有超声法、溶液 - 搅拌法等。上述几种方法适用的条件不一样，包合率与溶解度等也不相同。

三、环糊精包合物在药物制剂上的应用

目前对 CYD 及其衍生物的应用研究已经涉及制剂的各个领域、各种剂型。

1. 口服给药制剂的应用

疏水性 CYD 主要是指乙基化和酰化的 CYD，它们可作为水溶性药物的包合材料，以降低水溶性药物的溶出速率，因而具有缓释作用。改变包合物中的药物和疏水性 CYD 的摩尔比或者将两种不同的疏水性 CYD 合用，都可以影响药物的溶出速率，得到具有不同效果的缓释制剂。

2. 局部给药制剂的应用

局部给药制剂可以避免首过效应，提高生物利用度，包括经皮给药制剂、眼部给药制剂、黏膜给药制剂等。它们的作用特点是药物首先透过生物膜屏障，到达给药部位下面的组织或经血管吸收后，起局部或全身治疗作用。而 CYD 在局部给药制剂中最大的优点是能够提高药物的通过量，减少药物的毒性。

3. 中药制剂领域中的应用

（1）防止药物挥发，提高稳定性

中药中含有多种挥发性成分，特别是挥发油的稳定性较差，生产过程中极易挥发损失。如维生素 D_3 具光敏性，采用饱和水溶液法制成维生素 $D_3-\beta$ -CYD 后，再加入到碳酸钙颗粒中，制成固体补钙剂的同时，又增强维生素 D_3 的光稳定性。

（2）使液体药物粉末化，改善制剂的质量

β -CYD 包合中药挥发油后，能将挥发油粉末化，便于制成多种固体剂型。救心丸是由多种挥发性药材组成的中药，挥发性成分易散失。用 β -CYD 包合挥发油后，使之粉末化，可进一步压制成片剂或填充胶囊，克服了原有制剂存在的缺点。

（3）掩盖药物的不良气味，减少刺激性

有些中药具有异味和苦味，能直接影响到患者的用药情绪，用 β -CYD 包合后能掩盖药物的不良气味。胆汁在中药复方制剂中应用较广，凡含有胆汁的制剂均有较强的苦味。将胆汁进行包合后，可消除苦味。

（4）改善有效成分的溶解性

提高制剂的溶出速率和生物利用度。

4. 毫微粒给药系统中的应用

CYD 包合技术在脂质体、毫微粒等为代表的靶向给药系统中的应用主要体现在能改善这些制剂的理化性质（粒径、表面电势、载药率等）。例如，用 CYD 包合后再制成脂质体能提高脂质体的载药率，尤其对难溶性药物效果显著[2]。

第二节　固体分散体技术

固体分散体是将难溶性药物高度分散在另一种固体载体（或称基质）中的固体分散体系。该制备技术称为固体分散体技术。固体分散体外观上呈固体块状，但并不是一种剂型，可根据给药要求粉碎成微粒后，加入辅料进一步制成颗粒剂、胶囊剂、片剂、微丸、栓剂、软膏剂及注射剂等。

一、固体分散体的类型

1. 简单低共熔混合物

药物与载体材料共熔后，骤冷固化，形成简单的低共熔混合物。即药物与载体在冷却过程中同时生成晶核，由于高度分散，两种分子在扩散过程中互相阻拦，晶核不易长大，而是共同析出微晶，并以微晶状态存在，即药物以微晶状态分散在载体材料中形成物理混合物。如萘普生（Nap）和 PEG4000 用熔融法制备固体分散体，当药物与载体的比例为 1∶4 时即出现低共熔现象，其低共熔点是 37～40℃。

2. 固态溶液

以分子状态分散在载体材料中形成的均相体系称为固态溶液。同液体溶液一样，都是分子分散状态，只是固体溶质（药物）分散在固体溶剂（载体）中。由于固态溶液中的药物具有很高的分散度，其溶出很快，有利于药物的吸收和提高药物的生物利用度。如灰黄霉素与酒石酸制成的固体分散体中药物呈固体溶液状态，溶出速度是纯灰黄霉素的 69 倍[14]。

3. 共沉淀物

药物与载体材料按照一定的比例得到的非结晶性无定形物，具有质脆、透明、无固定熔点等特点，与玻璃的特征类似，因此也被称作玻璃态固熔体。如头孢呋辛和聚维酮按照 1∶6 的质量比制成固体分散体，经 X 线衍射技术证实，头孢呋辛是以无定形状态分散在载体中的。

固体分散体的类型在很大程度上由载体材料的性质决定。如联苯双酯与尿素、PVP 和 PEG 可分别形成简单的低共熔混合物、共沉淀物和固态溶液。另外，有些药物的固体分散体可能同时存在上述三种不同的类型。

二、固体分散体的制备

1. 熔融法

对混合均匀的药物与载体材料进行加热，使其呈熔融态，依靠剧烈的搅拌使其温度迅速下降，冷凝为固体，将其置于较低的温度下，直至成为易碎物，如图 7-5 所示。需要注意的是，一定要迅速冷却，使其具有较高的饱和度，使药物和载体都以微晶混合析出，而不致形成粗晶。本法简便、经济，适用于对热稳定的药物[6]。

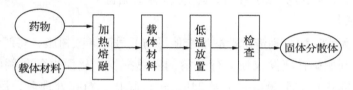

图 7-5　熔融法制备固体分散体工艺流程

由于熔融法存在一定的局限性，使得溶剂法成为更为普遍的制备固体分散体的技术。近年来，熔融法得以改进，以熔融挤出技术重新兴起。将药物与载体材料置于双螺旋挤压机内，药物和载体的混合物同时熔融、混匀，然后挤出，成型为片状、颗粒状、小丸、薄片或粉末。这些中间体可进一步加工成传统的片剂。采用此方法不需要使用有机溶剂，可以使用多种载体材料，其受热时间仅需要 1min，所以不会损坏药物的结构，得到的产品也较稳定。该技术特别适合于工业化生产。

例 7.4　卡马西平 – PEG 固体分散体的制备

【制法】

将不同配比的卡马西平 – PEG6000 的混合物分别置于金属容器中，于油浴上加热至 200℃，待熔融后，立即将其倾倒到金属板上并保持在室温下，然后置研钵中研碎，平均粒径 250 ~ 450μm。体外溶出试验结果表明该固体分散体的溶出速率快于物理混合物，并快于纯的卡马西平。

2. 溶剂（蒸发）技术制备固体分散体

利用有机溶剂来配制药物和载体材料的混合物，进行加热蒸发使有机溶剂挥发，从而析出药物和载体的共沉淀物，对其进行干燥处理即得固体分散体，如图7-6所示。采用此方法，不需要较高的温度，适用于受热不稳定或含挥发性成分的药物[20]。

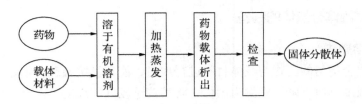

图7-6 溶剂法制备固体分散体工艺流程

例7.5 盐酸尼卡地平缓释固体分散体的制备

【制法】

利用无水乙醇分别溶解盐酸尼卡地平与Ⅱ号丙烯酸树脂，将两种溶液混合均匀，利用旋转蒸发仪使大部分溶剂受热挥发，从而得到黏稠状的混合物，置于电热真空干燥箱中干燥24h，进行脆化、粉碎处理后，用80目筛筛分，制得固体分散体。

【分析】

差热分析法分析结果表明固体分散体中药物以无定形存在，而物理混合物中药物以晶体存在。

3. 溶剂–熔融技术制备固体分散体

首先用合适的溶剂来溶解药物，对载体材料进行加热熔融，再把提前配制的溶液倒入熔融物中，将其混合均匀，之后就按照上述熔融法的步骤进行冷却处理，如图7-7所示。可用于液态药物及热稳定性差的固体药物的制备，但仅能制备剂量不超过50mg的药物。得到的产品较稳定，分散性好。

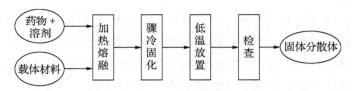

图7-7 溶剂–熔融法制备固体分散体工艺流程

例 7.6 螺内酯 – PEG 固体分散体的制备

【制法】

用适量乙醇溶解 0.5g 螺内酯，再向其中加入 9.5g PEG6000。搅拌均匀，进行水浴加热，使其呈熔融态，乙醇得到挥发。把得到的熔融物倒在处于水浴条件的不锈钢板上，令其展开成薄片，用冷风使其迅速冷却凝固，经干燥、粉碎、筛分即可。

【分析】

螺内酯一般为片剂，微粉片为 20mg，一次剂量为 100mg，而 5% 或 10% 螺内酯 – PEG6000 固体分散体片，其用量仅为微粉片的一半。

4. 溶剂 – 喷雾（冷冻）干燥技术制备固体分散体

用合适的溶剂溶解药物和载体材料，对其进行喷雾或冷冻干燥，去除溶剂即可，如图 7-8 所示。溶剂 – 喷雾干燥技术可以实现连续生产，而溶剂 – 冷冻干燥技术常用于易分解或氧化、受热不稳定的药物[30]。

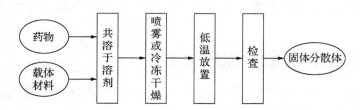

图 7-8 溶剂 – 喷雾（冷冻）干燥法制备固体分散体工艺流程

5. 研磨法

将少量的药物与较多的载体材料混合，进行强力研磨，仅仅依靠机械力来使药物的粒度减小，或者令药物和载体材料以氢键的形式结合在一起，从而得到固体分散体，如图 7-9 所示。本法简便、经济，适用于大多固体药物，其不足之处是产品的分散度较差。

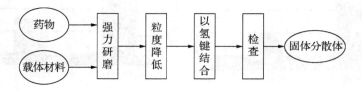

图 7-9 研磨法制备固体分散体工艺流程

三、固体分散体的物相鉴定

药物与载体材料制成的固体分散体，可选用下列方法进行物相鉴定，必要时可同时采用几种方法[2]。

①溶解度及溶出速率。将药物制成固体分散体后，溶解度和溶出速率会有改变。

②热分析法。热分析法常用的有差热分析法（DTA）和差示扫描量热（DSC），又称为差动分析两种。主要是测定有否药物晶体吸热峰，若有药物晶体存在，吸热峰存在越多，吸热峰面积越大。

③X射线衍射法。每一种物质的结晶都有其特定的结构，衍射图也都有特征峰。

④红外光谱法。布洛芬－PVP共沉淀物红外光谱图表明，布洛芬及其物理混合物均于1720cm－1波数有强吸收峰，而共沉淀物中吸收峰向高波数位移，强度也大幅度降低。这是由于布洛芬与PVP在共沉淀物中以氢键结合。

四、固体分散体在药物制剂上的应用

药剂学上常采用固体分散体技术，利用不同性质的载体使药物在高度分散状态下，达到不同要求的用药目的。

①增加难溶性药物的溶解度和溶出速率，提高药物的生物利用度（图7-10）。固体分散体能增加药物溶解速率主要是通过增加药物的分散度、形成高能态物质、载体的抑制药物结晶生成和降低药物粒子的表面能作用来完成。

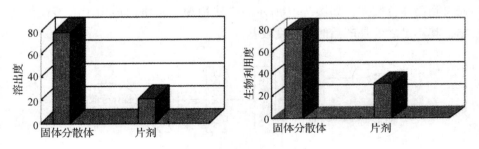

图7-10　尼莫地平不同剂型的比较

②延缓或控制药物释放速度。以水不溶性聚合物、肠溶性材料和脂质材料为载体制备的固体分散体，可实现缓释作用，其释药速率主要取决于载体材料的种类和用量，可包埋水溶性药物和难溶性药物。

③利用载体的包蔽作用，能够使药物更加稳定，其不良气味和刺激性得到一定程度的掩盖。

④可使液体药物固体化。

第三节 微囊与微球的制备技术

微型包囊的制备技术称为微型包囊术，简称微囊化。微囊的制备：采用高分子材料作为囊材，把固态或液态药物填充在囊材中制得，其外观呈粒状或圆球形，一般直径在 5 ~ 400μm。微球的制备：将药物溶解、分散于高分子材料内，得到骨架型微小球状实体，一般直径为 1 ~ 250μm。

微囊化的技术应根据囊心物的性质而定。囊心物的性质不同，采用工艺条件也不同。采用不同的工艺条件，对囊心物也有不同的要求。如用相分离凝聚法时囊心物一般不应是水溶性的固体或液体药物，而界面缩聚法则要求囊心物必须具有水溶性。另外囊心物与囊材的比例应适当，如囊心物过少，易成无囊心物的空囊。

用于包裹所需的材料称为囊材，常用的囊材可分为三大类：①天然高分子囊材，如明胶、阿拉伯胶、淀粉等；②半合成高分子囊材，多为纤维素衍生物，如 CMC-Na、CAP、EC 等；③合成高分子囊材，如聚乙烯醇、聚酰胺、聚碳酯等[6]。

一、微囊的制备

（一）物理化学法

此种方法的反应条件为液相。反应中，经过一系列过程，囊心物与囊材会以新相的形式析出，因此，亦称为相分离法。其主要步骤如图7-11所示。

1. 单凝聚法

（1）基本原理

将一种凝聚剂（硫酸钠、硫酸铵等强亲水性电解质溶液或乙醇、丙醇强亲水性非电解质溶液）加入到高分子囊材溶液与药物的混合液中，体系

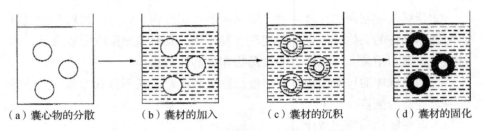

图 7-11 相分离凝聚法步骤示意

（a）囊心物的分散　（b）囊材的加入　（c）囊材的沉积　（d）囊材的固化

中大量的水分与凝聚剂结合，使高分子材料的溶解度降低而凝聚出来。这种凝聚作用是可逆的，可利用这种可逆性使凝聚过程反复多次，直至制成满意的微囊。再利用囊材的某些理化性质，使形成的凝聚囊胶凝结并固化，形成稳定的微囊（图 7-12）[20]。

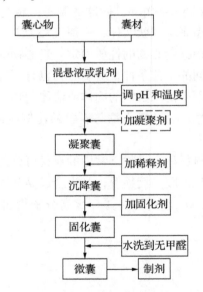

图 7-12 单（复）凝聚法制备微囊工艺流程

（2）成囊条件

①囊材除明胶外，还有 CAP、乙基纤维素、苯乙烯 – 马来酸共聚物等。

②凝聚剂：强亲水性物质的电解质或非电解质如硫酸钠、硫酸铵水溶液、乙醇、丙酮等。

③固化剂：利用囊材的理化性质，使囊材发生不可逆胶凝并固化的物质。

④影响高分子囊材胶凝的主要因素是浓度、温度和电解质。浓度增加、温度降低促进胶凝。

例 7.7　以明胶为囊材采用单凝聚法制备双氯芬酸微囊

【制法】

将左炔诺孕酮与雌二醇混匀，加到明胶溶液中混悬均匀，加入 Na_2SO_4 溶液（凝聚剂），形成微囊，再加入稀释液，即 Na_2SO_4 溶液，其浓度由凝聚囊系统中已有的 Na_2SO_4 浓度（如为 a%）加 1.5%［即（a + 1.5)%］，加 37% 甲醛溶液（用 20% 氢氧化钠调至 pH 8～9），冷至 15℃ 以下固化，加水洗至无甲醛，即得微囊，粒径在 10～40μm 的微囊占总重量 95% 以上，平均体积径为 20.7μm。

【分析】

①明胶为囊材；硫酸钠溶液为强电解质，作凝聚剂。

②稀释剂：即硫酸钠溶液，其浓度比成囊时全部溶液（称成囊体系）中硫酸钠的浓度大 1.5%。若浓度低于成囊体系，囊会溶解；若高于成囊体系，囊会粘连成团。

③甲醛作固化剂，与明胶反应生成不可逆的囊膜。

2. 复凝聚法

（1）基本原理和工艺流程

以明胶－阿拉伯胶为囊材，采用复凝聚法制备液状石蜡微囊时，阿拉伯胶在水溶液中其分子链上含有—COOH 和—COO⁻，带有负电荷；而明胶水溶液中含有其相应的解离基团—COO⁻ 和 – NH_3^+，此时，明胶基本带负电荷，不会出现凝聚。用稀酸调节 pH 为 4.0～4.1，所有明胶带正电荷，阿拉伯胶带负电荷，二者会发生交联，把药物包裹起来，得到微囊（图 7-12）[20]。

（2）常用囊材

除常用明胶－阿拉伯胶外，还可用明胶－桃胶、明胶－邻苯二甲酸乙酸纤维素、明胶－羧甲基纤维素、明胶－海藻酸钠等。明胶常与其他材料配对使用，是因为明胶不仅无毒，而且成膜性能好，价廉易得，能满足复凝聚法包囊工艺的要求。

若用明胶和阿拉伯胶为材料，介质水、明胶、阿拉伯胶三者组成与凝聚现象的关系，用图 7-13 示意。其中 K 代表复凝聚的区域，也就是能形成微囊的低浓度的明胶和阿拉伯胶混合溶液，P 代表曲线以下明胶和阿拉伯胶溶液既不能混溶也不能形成微囊的区域，H 代表曲线以上明胶和阿拉伯胶溶液可以混溶成均相的区域，A 点代表 10% 明胶、10% 阿拉伯胶和 80% 水的混合溶液。必须加水稀释，沿着 A→B 方向到 K 区域才能产生凝聚[14]。

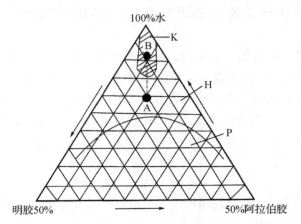

图 7-13　明胶和阿拉伯胶在 pH 2.5 条件下用水稀释的三元相图

例 7.8　复方炔诺黄体酮缓释微囊注射液

【制法】

按重量比 5 : 3 称量左旋炔诺黄体酮（LNG）和戊酸雌二醇（EV），混匀后加入明胶和阿拉伯胶的溶液中（必要时过滤），用醋酸调 pH 至明胶溶液的等电点以下时，明胶带正电荷，阿拉伯胶带负电荷，二者结合形成复合物使溶解度降低。在 50℃ 搅拌的情况下，复合物包裹囊心物自体系中凝聚成囊，加入甲醛调 pH 至 8 ~ 9，使微囊固化。过滤，用水洗多余的甲醛至席夫试剂检查不变红色。

3. 液中干燥法

从乳状液中除去分散相中的挥发性溶剂以制备微囊的方法称为液中干燥法，亦称为复乳法，是将制成的 W/O/W 型复乳除去其中的有机溶剂得到的能自由流动的干燥粉末状微囊（图 7-14）[2]。用于控制药物的释放速度。

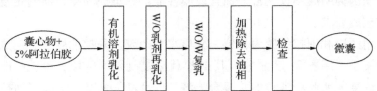

图 7-14　液中干燥法制备微囊工艺流程

影响液中干燥法工艺的主要因素是成囊过程中物质转移的速度和程度。主要需考虑的因素见表7-1。

表7-1　液中干燥法影响成囊的因素

影响因素	控制
挥发性溶剂	用量，在连续相中的溶解度，与药物及聚合物相互作用的强弱
连续相	组成（浓度及成分）与用量
连续相的乳化剂	类型、浓度及组成
药物	在连续相及分散相中的溶解度、结构、用量，与材料及挥发性溶剂相互作用的强弱
材料	用量，在连续相及分散相中的溶解度，与药物及挥发性溶剂相互作用的强弱，结晶度的高低

（二）物理机械法

根据使用的机械设备不同和成囊方式不同可分为以下几种方法。

1. 喷雾干燥法

把囊材溶解于合适的溶剂中，向其中加入药物，以喷雾的形式将其喷入惰性热气流，液滴收缩成球形，溶剂迅速蒸发，囊材收缩成壳，从而把药物包裹起来得到微囊（图7-15）[20]。采用此法得到的微囊大致呈圆形，直径为5~600μm，产品质地疏松，为自由流动的干粉。

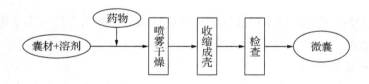

图7-15　喷雾干燥法制备微囊工艺流程

2. 喷雾凝结法

把囊材处理为熔融态，再加入药物与其混合。将混合物喷入冷气中，使囊膜发生凝固从而得到微囊（图7-16）[20]。适用于室温为固态，较高温下可熔融的药物。

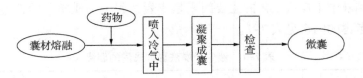

图 7-16　喷雾凝结法制备微囊工艺流程

3. 空气悬浮法

也可称为流化床包衣法，借助垂直的强气流令囊心物处于悬浮状态，以喷雾形式把囊材溶液喷于囊心物的表面，再利用热气流使表面的溶剂挥发，使囊材薄膜包裹在药物表面，最终得到微囊（图 7-17）。此过程中，药物可能会发生黏结，可以加入第 3 种成分，如滑石粉或硬脂酸镁，先与微粉化药物黏结成 1 个单位，然后再通过流化床包衣，可减少微粉化药物的黏结。设备装置基本上与小丸悬浮包衣装置相同。

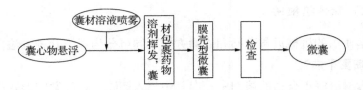

图 7-17　流化床包衣法制备微囊工艺流程

（三）化学法

化学法是通过溶液中单体的聚合反应或高分子的缩合反应来制得囊膜进而制成微囊。

1. 界面缩聚法

是在分散相（水相）与连续相（有机相）的界面上发生单体的缩聚反应。例如，水相中含有 1, 6 - 己二胺和碱，有机相中含对苯二甲酰氯的环己烷、氯仿溶液，将上述两相混合搅拌，在水滴界面上发生缩聚反应，生成聚酰胺。

2. 辐射交联法

选用明胶或 PVA 作为囊材，使其处于乳化状态，采用 γ 射线照射使其出现交联，进一步处理为球形镶嵌型的微囊，把制得的微囊置于药液中，待其充分吸收药液，经干燥可得药物微囊。

二、微球的制备

（一）明胶微球

采用乳化交联法来制备微球：将药物和明胶的水溶液作为水相，把含有乳化剂的油作为油相，搅拌均匀，使其发生乳化，从而得到 W/O 型或 O/W 型乳状液，再把化学交联剂放入其中，则有粉末微球生成。

油相可采用蓖麻油、橄榄油或液状石蜡等。油相不同，微球粒径亦不相同。交联剂不同，微球的质量会受到影响，如以甲醛作为交联剂制备的微球较光滑，使用戊二醛作为交联剂得到的微球会出现裂缝。这可能会对释药产生不同的影响。

（二）白蛋白微球

将药物和骨架材料白蛋白的水溶液作为水相，把含有乳化剂的油作为油相，搅拌均匀，使其发生乳化，得到 W/O 型或 O/W 型乳状液，选用液中干燥法或喷雾干燥法继续制备。在液中干燥法中使用加热交联，选取温度为 $100 \sim 180℃$，当温度在 $125 \sim 145℃$ 时制备的微球粒径较小。在喷雾干燥法中，将药物与白蛋白的溶液以喷雾形式喷入干燥室内，其中的热空气流会使混合液中的水分迅速蒸发、干燥，即得微球。如将喷雾干燥得的微球再进行热变性处理，可得到缓释微球。

目前国内已研制成功的白蛋白微球有顺铂、硫酸链霉素、米托蒽醌、左旋多巴、环磷酰胺等。

（三）淀粉微球

淀粉微球商品 Pharmacia，Uppsala（瑞典），是淀粉经水解后，进行乳化聚合得到的。此微球遇水会发生膨胀，与凝胶具有相同特性，粒径为 $1 \sim 500\mu m$，降解反应会持续几分钟至几小时。如 Spherex 是一种用于动脉栓塞的淀粉微球，它可以与生理盐水形成混悬液，在酶的作用下其水解半衰期为 $20 \sim 30min$。

三、微囊在药物制剂上的应用

（一）在缓控释制剂中的应用

药物用高分子物质包囊后，药物从囊膜中释放出来主要是依据扩散原理来完成的。药物的释放速率与囊膜的厚度和理化性质以及药物的理化性质等有关。

1. 长效注射剂

近年来，利用生物技术开发的多肽、蛋白类生物大分子药物不断涌现。由于此类药物在体内极易降解，半衰期很短，常制成冻干粉针，而且必须频繁给药。从 20 世纪 80 年代起，制成长效注射剂成为研究开发的热点。

2. 控释胶囊剂

利用其溶解性能的 pH 敏感性，使其在所需要的部位溶解，释放出包裹的药物。常用高分子聚合物有胃溶性的聚乙烯吡啶类，肠溶性的聚乙烯顺丁烯二酸酐共聚物等。

3. 外用长效制剂

含有药物的微囊通过局部给药达到长效作用。如宫腔吸收的长效避孕微囊，将天然雌性激素黄体酮包藏在一种多孔骨架材料中，能稳定地缓慢释放药物，再用高分子聚合物包裹成微囊，凭微囊的厚度控制药物的释放时间。

（二）在中药制剂中应用

许多从中草药中提取的挥发油或其他挥发性液态物质，以前往往会被制成胶囊剂或糖衣片，也就是用空白颗粒吸附挥发油后进行压片，再包糖衣。此种方法工艺复杂，而且损耗较多。但是若把它制成微囊，将液态药物制成"固态"药物，就可以直接压片，从而使生产工艺更加简单，同时提高了药物的稳定性。

（三）在其他制剂中的应用

利用微囊化技术可增加药物稳定性、掩盖不良嗅味、改善粉末流动性等，方便制成各种剂型。

第四节　纳米制剂

　　纳米制剂通常是指运用纳米技术，特别是纳米化制备技术（包括药物的直接纳米化和纳米载药系统）研究开发的一类新的药物制剂，属于微观制剂的内容和范畴，是纳米科技中最接近产业化、最具发展前景的方向之一。纳米药物与传统药物相比，具有更高的生物利用度、更好的溶解性、靶向性及缓控释性等，因此能够有效提高药效，降低不良反应。

一、纳米载药系统的制备

　　纳米药物的基础是纳米载药系统。人们可以通过纳米沉淀技术（纳米结晶技术）或超细粉碎技术直接制备纳米药物，但更多的是通过纳米载药系统来制备纳米药物。目前普遍研究的纳米载药系统包括聚合物纳米载药系统、固体脂质纳米载药系统（固体脂质纳米粒和纳米结构脂质载体）、纳米脂质体载药系统、微乳和纳米乳载药系统、纳米凝胶载药系统、磁性纳米载药系统、无机纳米载药系统以及纳米悬浮液等。纳米药物的安全性也与纳米载药系统的制备密切相关。本节主要介绍脂质体载药系统以及微乳和纳米乳载药系统。

（一）脂质体载药系统

1. 脂质体的概述

　　脂质体（liposomes）是由磷脂和胆固醇等形成的微小闭合泡囊，具有类似生物膜的双分子层结构。脂质体根据其结构所包含类脂质双分子层的层数，分为粒径在100nm以下（一般为20～80nm）的小单室脂质体（single unilamellar vesicles，SUV）、粒径在100～1000nm的大单室脂质体（large unilamellar vesicles，LUV）和粒径在1～5μm的多室脂质体（multilamellar vesicles，MLV）。不同结构脂质体的特点见表7-2[31]。

　　纳米脂质体（nanoliposomes）一般是指单室脂质体。在纳米脂质体（单室脂质体）中，水溶性药物包封于类脂质双分子层所形成的空腔中，脂溶性药物则分散于双分子层中，其基本结构见图7-18。

表 7-2　不同结构脂质体的特点

结构类型	优点	缺点	体内动态
小单室脂质体	粒径小（＜100nm），形态均匀	包封率和包封容积小；易发生脂质体的融合；弯曲率大的脂质体内外膜有差异	静脉给药后可分配进入实质细胞；血中的半衰期长
大单室脂质体	包封容积大，包封率高；可包封蛋白质、核酸等大分子	粒径大小不均匀	静脉给药后易被 RES 捕获；体内稳定性比多室脂质体差
多室脂质体	包封容积较大，包封率较高；稳定性较好	粒径大，不均匀；不易包封蛋白质、核酸等大分子；向细胞内输送较困难	静脉给药后易被 RES 捕获

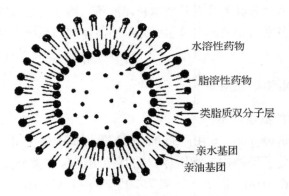

图 7-18　纳米脂质体载药系统的结构示意

　　药物由脂质体携带后能改变其体内的药物学行为降低毒副作用和提高疗效，但它常被网状内皮系统吞噬，只能发挥被动靶向作用，作为具有磁定位功能的靶向给药系统[32]。脂质体广泛用于抗癌药物载体，具有淋巴定向性和使抗癌药物在靶区滞留性的特点；还可以增加药物的稳定性，降低药物毒性和延长药物在体内滞留的时间，起到缓释作用。脂质体可以作为药物载体，减少药物不良反应及耐药菌株[33]。天然磷脂纳米脂质体本身还具有清除血管壁胆固醇、软化血管、提高免疫力等保健功能，可被广泛应用于医药、保健食品、化妆品和基因工程领域[34]。纳米脂质体也可以作为改善生物大分子药物的口服吸收及其他给药途径吸收的载体，如透皮纳米柔性脂质体和胰岛素纳米脂质体等。

2. 脂质体的制备方法

（1）薄膜分散法

薄膜分散法是指将磷脂、胆固醇等类脂质及脂溶性药物溶于氯仿（或其他有机溶剂）中，然后将氯仿溶液在烧瓶中旋转蒸发，使其在内壁上形成一薄膜；将水溶性药物溶于磷酸盐缓冲液中，倒入上述薄膜瓶中浸泡膨胀，再不断搅拌，即可形成脂质体，如图7-19所示。

图7-19　薄膜分散法制备脂质体工艺流程

薄膜分散法也可用于制备水溶性药物脂质体，可以获得较高的包封率，但是脂质体粒径略大，达$0.5 \sim 5\mu m$。为了获得大小均一的单层脂质体，目前多采用进一步的高压匀质、超声波等处理方法，或者通过挤压分散使脂质体通过固定孔径的聚合物膜。

例如，维生素E脂质体的制备：将60mg的磷脂、胆固醇（为磷脂用量的30%）和0.1mg的药物溶解于氯仿和甲醇的混合溶剂中（氯仿与甲醇体积比2∶1），用旋转蒸发仪蒸发有机溶剂（温度为30℃），痕量有机溶剂用N_2流除去。用200mL的水溶液于涡旋振荡器上水化干燥得脂质膜，水化液置于探头型超声仪超声。超声后在高于脂质相变温度下放置2h。超速离心（10000g，15min）除去杂质，未包封的游离药物用葡聚糖凝胶（G-50）柱分离除去，即得维生素E脂质体。

（2）逆相蒸发法

逆相蒸发法系将磷脂等膜材溶于有机溶剂，如氯仿、乙醚等，加入待包封的药物水溶液（水溶液∶有机溶剂=1∶3～1∶6）（有机溶剂的用量是水溶液的3～6倍）进行短时超声振荡，直到形成稳定W/O型乳状液。然后减压蒸发除去有机溶剂，达到胶态后，滴加缓冲液，旋转蒸发使器壁上的凝胶脱落，在减压下继续蒸发，制得水性混悬液，除去未包入的药物，即得到单层脂质体（图7-20）。本法特点是包封的药物量大，体积包封率可大于超声波分散法30倍，适合于包裹水溶性药物及大分子生物活性物质。

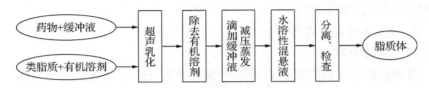

图7-20　逆相蒸发法制备脂质体工艺流程

例如，促红细胞生成素（erythropoietin，EPO）脂质体的制备：将105μmol的DPPC和胆固醇溶于3mL氯仿和3mL异丙醚的混合溶剂中，将1mL EPO溶液和1mL PBS加入上述有机相中，超声振荡形成稳定的W/O型乳液。室温减压除去有机溶剂，用N_2流除去痕量溶剂，得到高黏度的凝胶，加入2倍体积的PBS稀释。经过适当孔径的聚碳酸酯薄膜挤压过滤，得EPO脂质体。

作者曾进行过一系列相关的研究。例如，采用反相蒸发超声法加高速搅拌制备纳米司莫司汀聚乙烯吡咯烷酮磁性脂质体，并利用相关仪器和方法对其表征进行分析，发现制备的脂质体粒径均匀，分布范围窄，药物含量稳定，包封率为73.72%[32]。

（3）冷冻干燥法

冷冻干燥法系将磷脂分散于缓冲盐溶液中，经超声波处理与冷冻干燥。再将干燥物分散到含药物的水性介质中，即可形成脂质体（图7-21）。如维生素B_{12}脂质体取卵磷脂2.5g分散于0.067mmol/L磷酸盐缓冲液（pH7）与0.9%氯化钠溶液（1:1）混合液中，超声处理，然后与甘露醇混合，真空冷冻干燥，用含12.5mg维生素B_{12}的上述缓冲盐溶液分散，进一步超声处理，即得。药物高度分散于缓冲盐溶液中，在冻干前加入适宜的冻干保护剂

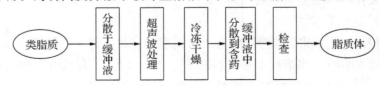

图7-21　冷冻干燥法制备脂质体工艺流程

（如甘露醇、葡萄糖、海藻酸等），采用适当的工艺，则可大大减轻甚至消除冻干过程对脂质体的破坏。再水化后脂质体的形态、粒径及包封率等均无显著变化。此法适合包封对热敏感的药物。

（4）注入法

将磷脂与胆固醇等类脂质及脂溶性药物共溶于有机溶剂中（一般多采用乙醚），然后将此药液经注射器缓缓注入加热至 50～60℃（并用磁力搅拌）含有水溶性药物的磷酸盐缓冲液中，加完后，不断搅拌至乙醚除尽为止（图 7-22），再将脂质体混悬液通过高压乳匀机 2 次，则所得的成品大多为单室脂质体，少数为多室脂质体，粒径绝大多数在 2μm 以下。

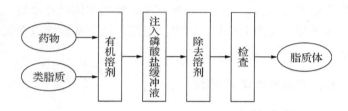

图 7-22　注入法制备脂质体工艺流程

例如，唐松草新碱脂质体的制备：将大豆磷脂、胆固醇、油酸、Tween-80 与药物（唐松草新碱）溶解于乙醚中制成有机相，另将 PVA 溶解于磷酸盐缓冲液（phosphate buffered saline，PBS）中制成水相。在 60℃ 恒温搅拌条件下，将有机相匀速滴加到水相中。继续搅拌 2～3h 使乙醚挥发尽，加适量 PBS 调整至全量。置于高压匀质机匀质至所需粒径。过滤，灌封于 10mL 安瓿中，100℃ 流通蒸汽灭菌 30min，冷却，得唐松草新碱脂质体混悬液。

（5）超声波分散法

将水溶性药物溶于水或磷酸盐缓冲液中，加入磷脂、胆固醇与脂溶性药物共溶于有机溶剂中制成的溶液中，将磷脂、胆固醇与脂溶性药物共溶于有机溶剂中，将此溶液加于上述水溶液中，搅拌蒸发除去有机溶剂，残液经超声波处理，然后分离出脂质体，再混悬于磷酸盐缓冲液中，制成脂质体的混悬型注射剂，即得（图 7-23）。

另外，多室脂质体经超声波处理可得单室脂质体。

经超声波处理的大多为单室脂质体，所以多室脂质体只要经超声波进一

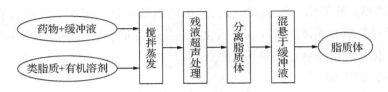

图7-23 超声波分散法制备脂质体工艺流程

步处理，亦能得到相当均匀的单室脂质体。

（6）高压乳匀法

是将各成分加入溶剂中，通过高压乳匀机均匀分散成脂质体。

凡遇热不稳定的药物，可按上述各方法制成脂质体混悬液后，分装于安瓿中，经冷冻干燥制成冻干制剂，可供注射用，但全部操作应在无菌条件下进行。

（二）微乳和纳米乳载药系统

1. 微乳和纳米乳的结构

微乳（microemulsion）粒径在 1 ~ 100nm，一般由水相、油相按适当比例自发形成[35]。20世纪40年代，Hoar 等首次报道了一种新的分散体系：水和油与大量乳化剂和助乳化剂（一般为中等链长的醇）以一定比例混合能自发形成透明或半透明的稳定体系。1959年，Schulman 等将这种由两种不互溶液体形成的热力学稳定的、各向同性的、外观透明或半透明的分散体系命名为"微乳状液"或"微乳"。

纳米乳（nanoemulsion）粒径在 100 ~ 1000nm，是由水相、油相、表面活性剂和助表面活性剂按一定比例组成的分散体系，其乳滴多为球形，大小比较均匀，透明或半透明。纳米乳与微乳不同，是一种非热力学稳定体系，需要借助外来乳化能量（机械装置或者组分的化学能）形成，经热压灭菌或离心也不能使之分层。

纳米乳不易受血清蛋白的影响，在循环系统中可长时间停留，在注射24小时后，油相25%以上仍然在血液中。

微乳有3种基本结构：

①油包水（W/O）型微乳，细小的水相分散于油相中，表面覆盖一层乳化剂和助乳化剂分子构成的单分子膜。分子的非极性端朝着油相。极性端朝着水相。

②水包油（O/W）型微乳，其结构与 W/O 型微乳相反。

③双连续型微乳，即任一部分的油相在形成液滴被水相包围的同时，亦可与其他油滴一起组成油连续相，包围介于油相中的水滴，油水间界面不断波动使其具有各向同性。

微乳的结构类型由配方中各组成成分的性质和比例决定，图 7-24 为不同类型微乳的结构示意。

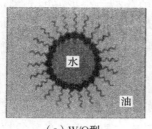  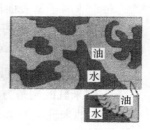

（a）W/O型　　　　　　（b）O/W型　　　　　　（c）双连续型

图 7-24　不同类型微乳的结构示意

2. 微乳的制备方法

选择适当的油相、表面活性剂和助表面活性剂，采用伪三元相图找出微乳区域，确定微乳中各组分的用量。具体方法：固定油相（水相），作水相 - 油相 - 表面活性剂/助表面活性剂伪三元相图，找出组成微乳的相区，见图 7-25。

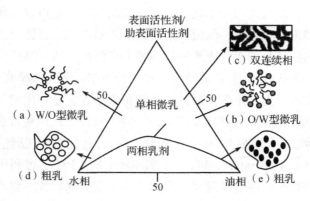

图 7-25　水相、油相和两亲性表面活性剂/
助表面活性剂构成的伪三元相图

　　由相图确定了微乳的配方后，将各成分按比例混合即可制得微乳。具体制备方法有两种：①直接乳化法：将表面活性剂加入油相中，搅拌均匀，再加入水相中，然后用助表面活性剂滴定油水混合物，直至形成透明均一的微乳体系；②乳化油法：将表面活性剂、助表面活性剂加入油相中，若不溶可以缓慢加热搅拌形成透明均一的溶液，然后将混合油相滴入水相中，搅拌至透明，或用水相滴定混合油相，直至形成透明微乳体系。

　　对于非离子型表面活性剂，温度可以破坏表面活性剂与水形成的氢键，影响其 HLB，甚至使其从亲水性表面活性剂转变为亲油性表面活性剂。可采用相变温度法研究一定温度下表面活性剂、助表面活性剂及相应的油相形成微乳的相行为及温度改变对其相行为的影响。

3. 纳米乳的制备方法

　　制备纳米乳载药系统时，首先，要根据给药需要准确确定其组成和比例，如果组成及比例不恰当，就不能形成纳米乳。其次，要根据纳米乳的粒径和药物的性质选择适宜的制备工艺。纳米乳是非热力学稳定体系，通常不能自发地形成，必须采用乳化设备制备[36]。制备纳米乳的乳化设备主要有高压匀质机、超声波乳化器、高速剪切搅拌器以及胶体磨等。纳米乳的制备按照乳化能量的来源可分为高能乳化法和低能乳化法两类[37]。

　　高能乳化法包括剪切搅拌乳化法、胶体磨乳化法、超声波乳化法和高压匀质法等[38]。剪切搅拌乳化法可以通过调节转速，很好地控制纳米乳粒径，配方组成可有很多选择，缺点是易产生气泡，导致药物氧化变质；胶体磨乳化法适宜制备黏度较高的纳米乳，但粒径控制较差；超声波乳化法乳化时间短，制备的纳米乳粒径小，但通常采用探头式超声仪，只适合少量样品的制备；高压匀质法是目前工业生产中应用最为广泛的方法，高压匀质机工作压力一般为 50～350MPa，制备的纳米乳粒径分布窄，乳化效率高[39]。

　　低能乳化法是近年来新发展的一类制备方法，它是利用纳米乳体系的理化性质，使乳滴的分散能够自发产生，避免或减轻了机械制备过程对药物的物理破坏，可以形成更小粒径的乳滴。低能乳化法一般包括相变温度（phase inversion temperature，PIT）法和相转变法。PIT 法可利用聚氧乙烯型非离子表面活性剂的溶解度随着温度的变化而变化的特性，将水相和油相一次性混合在一起，当温度升高时，表面活性剂分子上的氢键脱落，聚氧乙烯链脱水，分子疏水性增强，自发曲率变成负值，形成水性反胶束（W/O 型纳米乳）；当温度降低到相变温度时，表面活性剂自发地使曲率接近于零，并形成层状结构；温度进一步降低时，表面活性剂的单分子层产生很大的正向曲率，形成细微的油性胶束（O/W 型纳米乳）。相转变法是连续地把水相加到油相中，开始时由于油相过剩，形成 W/O 型乳剂，随着水相比例的增大，改变了其中表面活性剂曲率，水滴逐渐聚结在一起；在乳剂相转化点，表面活性剂形成层状结构，此时表面张力最小，有助于形成非常小的分散乳滴（纳米乳）；在乳剂相转化点过后，随着水相的进一步增加，形成 O/W 型纳米乳。

二、纳米制剂的研究开发进展

（一）国外纳米药物的研究开发进展

如表 7-3 所示为国外上市的纳米药物制剂品种。世界各国在纳米药物研发方面都投入了巨额资金，建立了数量众多的技术平台，取得了大量研究成果，如美国的麻省理工学院、东北大学、加州大学旧金山分校等研究聚合物纳米粒和脂质体，日本东京大学和加拿大阿尔伯达大学研究聚合物胶束，德国柏林自由大学研究固体脂质纳米粒，英国伦敦大学国王学院研究微乳和纳米结晶，美国密歇根大学和英国伦敦大学药学院研究树状大分子，新加坡国立大学研究纳米羟基磷灰石/壳聚糖，美国赖斯大学研究碳纳米材料。希腊 Cornell 大学、德国弗赖堡大学、法国巴黎 INSERM 实验室、希腊国家科学研究中心物理化学研究所等对纳米技术用于药物递送也进行了深入的研究。这些对纳米药物制剂的发展发挥了重大的推动作用。

表 7-3　国外上市的纳米药物品种

分类	活性成分或组成	开发或上市公司
脂质体	注射用两性霉素 B	Elan Gilead Sciences Inter Mune Three Rivers Pharmaceuticals
	注射用阿霉素	Elan Johnson &Johnson
	注射用柔红霉素	Gilead Sciences
	皮肤局部用肝素	Merckle
	皮肤局部用双氯芬酸	Mika Pharma
	羟基磷灰石	Poli
	聚维酮碘	Mundipharma

续表

分类	活性成分或组成	开发或上市公司
脂质体	前列地尔	Taisho
	阿糖胞苷	Enzon，SkyePharma
	维替泊芬	QLT，Novartis
微乳/纳米乳/纳米凝胶	双氯芬酸	AlphaRx
	吲哚美辛	AlphaRx
	环孢素 A	Chong Kun Dang
	氟比洛芬	Kaken Pharma
	棕榈酸地塞米松	Mitsubishi Pharma
	丁酸氢化可的松	Astellas
	酮洛芬	Mika Pharma
	地西泮	Pfizer
	前列腺素 E1	Taisho
	依前列醇	Mitsubishi Tanabe Pharma
	氢化可的松	YamanouChi
	雌二醇	Novavax，BioSante
纳米粒	西莫罗司	Elan，Wyeth
	阿瑞吡坦	Elan，Merck &Co.
	非诺贝特	Elan，Abbott
	醋酸甲地孕酮	Elan，PAR
	紫杉醇	American Biosicence
	碳酸镧	Shire

特别是美国，在政府和企业的大量投入下，纳米医药产业发展迅速。美国国家自然科学基金于 2004 年宣布投资 6900 万美元，在加州大学伯克利分校、斯坦福大学等 6 所著名大学建立了 6 个纳米科技中心。美国国家肿瘤研究所（National Cancer Institute，NCI）投入巨资建立了肿瘤纳米技术联盟，主要研究纳米技术在肿瘤的检测、诊断、治疗、预防和控制等方面的应用。NCI 还和美国国家标准与技术研究所、FDA 共同建立纳米技术表征实验室，主要对纳米粒的物理性质、体外生物学特性、生物相容性以及临床前疗效和

毒理学进行研究。2005 年，NCI 宣布斥资 3500 万美元建立 12 个肿瘤纳米技术平台。

美国出现了一大批专门从事纳米药物研发的公司，这些企业已经上市了一批纳米药物，更多的药物正处于临床研究阶段。

（二）　中国纳米药物制剂研究现状

在我国，已有众多单位开展了纳米药物的研究与开发。2004 年，科技部"创新药物和中药现代化"第 4 批共设立 52 项制剂课题，其中纳米制剂项目为 21 项，约占 40% 。由此开始，我国的纳米药物研究进入了一个新的阶段。我国《国家中长期科学和技术发展规划纲要（2006—2020 年）》（以下简称《纲要》）将"纳米研究"列为 4 个重大科学研究计划之一，在《纲要》优先主题"先进医疗设备与生物医用材料"中，明确将"研究纳米生物药物释放系统和组织工程等技术，开发人体组织器官替代等新型生物医用材料"作为核心研究内容；加强纳米药物的基础研究与产业化开发，促进我国医药产业的成长和发展，是提高我国医药产品国际竞争能力的重要手段。

截至 2008 年 8 月，国家食品药品监督管理局（State Food and Drug Administration，SFDA）批准表 7-4 所列的药物上市或进入临床试验阶段，表明我国的纳米药物研究在政府和企业的支持下正蓬勃发展，已经开始进入产业化阶段。

表7-4　国内上市及临床研究的纳米药物

分类	已上市制剂	临床研究制剂
脂质体	注射用紫杉醇脂质体 注射用两性霉素 B 脂质体	盐酸多柔比星脂质体注射液 人降钙素基因相关肽脂质体注射液 注射用前列地尔脂质体 注射用盐酸阿霉素脂质体 注射用重组人干扰素 α2b 脂质体 注射用尿激酶脂质体 重组人干扰素 α2b 脂质体乳膏 硝酸益康唑脂质体凝胶 吲哚美辛脂质体滴眼液 利巴韦林脂质体口服液

续表

分类	已上市制剂	临床研究制剂
微乳/纳米乳	纳米炭混悬注射液 前列腺素 E1 微乳注射液	银杏叶自微乳化软胶囊（完成） 胰岛素口腔喷雾剂 注射用熊果酸纳米脂质体（申报中）
纳米粒		益肝灵纳米粒口服液注射用紫杉醇纳米粒

在药物纳米粒载体方面，我国药学工作者从事了长期的工作，对纳米脂质体、纳米囊和纳米球及纳米胶束等均有大量研究，如注射用环孢素 A 的纳米胶束和胰岛素纳米脂质体在动物试验中都取得了较好的结果。超顺磁性氧化铁超微颗粒的脂质体可以靶向肝肿瘤，采用纳米级大小的脂质体——碘油乳剂及聚氰基丙烯酸正丁纳米粒 - 碘油乳剂用于肝癌的栓塞化疗，在动物试验中表现了良好的肝靶向性、缓释性等，这些对肝癌的早期诊断和早期治疗有着良好的应用前景。多烯紫杉醇具有广谱抗癌活性，已成为首选的一线二线抗癌药物[40]。环孢素硬脂酸纳米球和纳米胶粒，包埋胰岛素的纳米囊，纳米硒对小鼠免疫系统的保护研究等都取得了较理想的结果。

参 考 文 献

[1] 陆丹玉，封家福．药物制剂技术［M］．南京：江苏凤凰科学技术出版社，2015
[2] 栾淑华，刘跃进．药物制剂技术［M］．2版．北京：科学出版社，2016
[3] 朱艳华．药物制剂技术［M］．北京：中国轻工业出版社，2013
[4] 杨廉平，姚强，张新平，等．从质量标准的角度探析中国药品安全问题［J］．中国社会医学杂志，2010，27（3）：129－131
[5] 凌沛学．药物制剂技术［M］．2版．北京：中国轻工业出版社，2014
[6] 熊野娟．药物制剂技术［M］．上海：复旦大学出版社，2015
[7] 欧水平，王森，张海燕，等．中药液体制剂的关键技术：难溶性成分的增溶方法［J］．中国药师，2009，12（2）：239－241
[8] 于广华，毛小明．药物制剂技术［M］．2版．北京：化学工业出版社，2015
[9] 闫丽霞．药物制剂技术［M］．武汉：华中科技大学出版社，2012
[10] 杨凤琼，甘柯林，杨平平．药物制剂［M］．武汉：华中科技大学出版社，2012
[11] 本刊编辑部．无菌制剂之灭菌设备技术现状与发展［J］．机电信息，2009（26）：15－21
[12] 陈晶．药物制剂技术［M］．北京：化学工业出版社，2013
[13] 董建慧．药物制剂技术［M］．北京：化学工业出版社，2015
[14] 胡英．药物制剂工艺与制备［M］．北京：化学工业出版社，2012
[15] 邓婷，武小赟，宋丹，等．化学药品无菌制剂生产技术转让案例分析［J］．中国药业，2016，25（14）：13－14
[16] 朱璇．无菌制剂生产中的无菌操作技术探讨［J］．黑龙江科技信息，2016（20）：88
[17] 丁凤玲．探析无菌制剂生产中无菌操作技术的应用［J］．黑龙江科技信息，2016（21）：137
[18] 曾旭东，郝淑香．无菌制剂的灭菌方法和灭菌工艺的验证［J］．科技与企业，2013（11）：366
[19] 胡畔．固体制剂制药工艺技术分析［J］．食品安全导刊，2015（7）：85
[20] 解玉岭．药物制剂技术［M］．北京：人民卫生出版社，2015
[21] 梁毅，黄雪．基于固体制剂生产工艺的质量风险管理研究［J］．中国药房，2016，27（13）：1733－1736
[22] 刘越川．固体制剂制药工艺的新研究［J］．黑龙江科学，2016（1）：20
[23] 王志雄，缪伟伟，虞倩倩．用聚烃基脂肪酸化合物替代中药软膏剂基质可行性探讨［J］．中华中医药杂志，2012，27（9）：2465－2467

[24] 袁小红，袁雪妹，范瑞强. 香莲软膏剂体外透皮试验 [J]. 中国实验方剂学杂志，2012（11）：10 - 12

[25] 夏晨，谈戈. 浅谈我院中药软膏剂的制备工艺与质量控制 [J]. 北方药学，2016，13（3）：112 - 113

[26] 罗超，罗越，周琳，等. 软膏剂制备及皮肤安全性的研究进展 [J]. 黑龙江畜牧兽医，2015（11）：75 - 76

[27] 王学成，伍振峰，王雅琪，等. 中药丸剂干燥工艺、装备应用现状及问题分析 [J]. 中草药，2016，47（13）：2365 - 2372

[28] 王艳艳，王团结，彭敏，等. 中药滴丸剂的制备及其设备研究进展 [J]. 现代制造，2014（29）：1 - 7

[29] Patel Bhavesh B, Patel Jayvadan K, Chakraborty Subhashis, et al. Revealing facts behind spray dried solid dispersion technology used for solubility enhancement [J]. Saudi Pharmaceutical Journal: the Official Publication of the Saudi Pharmaceutical Society, 2015, 23（4）：352

[30] Iqbal Babbar, Ali Asgar, Ali Javed, et al. Recent advances and patents in solid dispersion technology [J]. Recent Patents on Drug Delivery & Formulation, 2011, 5（3）：244 - 264

[31] 杨祥良，徐辉碧，廖明阳. 纳米药物安全性 [M]. 北京：科学出版社，2010

[32] 周伟华，郭讯枝，张阳德，等. 纳米司莫司汀磁性脂质体的制备及表征 [J]. 科技通报，2008，24（3）：406 - 410

[33] 何剪太，周伟华，张阳德，等. 克林霉素磷酸酯脂质体的制备 [J]. 中国现代医学杂志，2008，19（1）：51 - 53

[34] 王东，张德权，张柏林. 纳米脂质体的制备技术研究现状 [J]. 中国食物与营养，2009（5）：34 - 36

[35] 高志贤，李小强. 纳米生物医药 [M]. 北京：化学工业出版社，2007

[36] Zhang Zhimei, Deng Xuming, Shen Zhiqiang, et al. Preparation and quality evaluation of toltrazuril nanoemulsion [J]. Animal Husbandry and Feed Science, 2015, 7（5）：314 - 316

[37] Rasekh M, Smith A, Arshad M S, et al. Electrohydrodynamic preparation of nanomedicines [J]. Current Topics in Medicinal Chemistry, 2015, 15（22）：2316 - 2326

[38] 王婉婷，李鑫，王贵弘，等. 纳米乳制备方法的研究进展 [J]. 科技论坛，2016（22）：11

[39] Thanigaivelan Arumugham, Noel Jacob Kaleekkal, Dipak Rana, et al. Separation of oil/water emulsions using nano MgO anchored hybrid ultrafiltration membranes for environmental abatement [J]. J. Appl. Polym. Sci., 2016, 133（1）：216 - 227

[40] 程树仓，庞鑫，翟光喜. 多烯紫杉醇纳米制剂的研究进展 [J]. 药学研究，2013，32（1）：45 - 48